U0111046

大展好書　好書大展
品嘗好書　冠群可期

大展好書　好書大展
品嘗好書　冠群可期

鑑賞系列
13

嫩江水沖瑪瑙

◉馮善良　楊亞娟　著

（嫩江水沖瑪瑙鑑賞圖錄）

鑑賞與收藏

品冠文化出版社

國家圖書館出版品預行編目資料

嫩江水沖瑪瑙鑑賞與收藏 ／ 馮善良　楊亞娟　著
　　——初版，——臺北市，品冠文化，2015〔民104.07〕
　　　面；26公分 ——（鑑賞系列；13）
　　　ISBN 978－986－5734－28－2（平裝）
　1. 瑪瑙　2. 中國
357.88　　　　　　　　　　　　　　　　　104007489

嫩江水沖瑪瑙鑑賞與收藏

著　　者／馮善良　楊亞娟

責任編輯／張 李 松

發 行 人／蔡 孟 甫

出 版 者／品冠文化出版社

社　　址／台北市北投區（石牌）致遠一路2段12巷1號

電　　話／（02）28233123・28236031・28236033

傳　　眞／（02）28272069

郵政劃撥／19346241

網　　址／www.dah-jaan.com.tw

E－mail／service@dah-jaan.com.tw

承 印 者／凌祥彩色印刷有限公司

裝　　訂／承安裝訂有限公司

排 版 者／弘益電腦排版有限公司

授 權 者／安徽美術出版社

初版1刷／2015年（民104年）7月

定 價／680元

序：做奇石文化的開拓者

　　2010年的春天，來得特別早，二月剛過就感覺到了暖意。受齊齊哈爾市嫩江水沖瑪瑙收藏、研究專家馮善良先生和收藏鑑賞家楊亞娟女士之托，我爲《嫩江水沖瑪瑙鑑賞與收藏》專著作序，感到非常幸運。離開齊齊哈爾市嫩江水沖瑪瑙奇石之鄉已經40多年，故鄉的人沒有忘記我，我心裏特別高興。

　　嫩江水沖瑪瑙是我兒時玩耍和顯擺欣賞之物。它不光有豐富多彩的顏色，更有奇特美觀的造型。但我並沒有像馮善良先生和楊亞娟女士那樣，把嫩江水沖瑪瑙石的收藏和研究視爲生命、生活的專項事業去完成。馮善良先生和楊亞娟女士是嫩江水沖瑪瑙石研究、收藏的先行者。專著《嫩江水沖瑪瑙鑑賞與收藏》一書內容豐富，不僅讓人感受到瑪瑙石的美麗，更讓人感受到奇石文化的厚重，這是中華奇石文化研究的新成就。

　　齊齊哈爾史稱卜奎，是一座歷史文化名城，是新中國重工業基地與中國綠色食品之都，是中國魅力城市之一。它有全國最大的濕地和最著名的丹頂鶴之鄉——扎龍，「鶴城」是齊齊哈爾特有的美稱。

　　早在七千多年前，這塊土地上就留下了人類的足跡，誕生了與黃河文化齊名的昂昂溪文化，傳說中的中國第二長城——「金代東北路界壕」就雄踞界內。在這裏，土著文化、流人文化（黑龍江特有專用詞）和關東文化相互交融，形成了深厚的文化底蘊。清美的嫩江互古流淌，像母親一樣哺育著兩岸的土地和人民。嫩江水沖瑪瑙石以質地細膩溫潤、色彩豐富豔麗、造型奇特美觀而馳名天下，一些瑪瑙石已是價值連城的珍品。

　　目前，奇石收藏界對嫩江水沖瑪瑙石的研究還處於起步階段，嫩江水沖瑪瑙的藝術價值、文化價值和收藏價值還沒有得到足夠的重視。《嫩江水沖瑪瑙鑑賞與收藏》的出版，是奇石收藏界的一件盛事，也是有史以來第一部專項研究嫩江水沖瑪瑙的學術著作，填補了中華奇石中嫩江水沖瑪瑙石的研究空白。馮善良先生和楊亞娟女士爲嫩江水沖瑪瑙石的研究、收藏奠定了基礎，做出了很大貢獻。

　　《嫩江水沖瑪瑙鑑賞與收藏》一書介紹了嫩江水沖瑪瑙形成的歷史地理環境以及嫩江水沖瑪瑙的欣賞與收藏，還整理了賞石辭句、名言和典故，融匯地

質、歷史、美學、考古、文學、攝影等學科知識，凝聚了作者對嫩江水沖瑪瑙石文化研究所付出的心血。

　　這本《嫩江水沖瑪瑙鑑賞與收藏》作爲一部專業性很強的工具書，不但能得到廣大奇石收藏者、愛好者的喜愛，同時對開發嫩江旅遊資源，打造齊齊哈爾歷史文化名城也會起到促進作用。

程中奇

前 言

　　人類歷史經歷了漫長的石器時代，因此可以說石頭與人類的關係源遠流長。正如毛澤東詞所說：「人猿相揖別，只幾個石頭磨過，小兒時節。」儘管當時人類還不懂得什麼是藝術及藝術欣賞，但事實上賞石文化已悄然誕生。在人類社會發展和進步的過程中，人們逐漸認識到，奇石是地球上最古老的具有藝術性的觀賞品，是無字的詩，是無墨的畫，是人類無法複製的天然藝術傑作。

　　奇石收藏是一種高雅的文化娛樂活動。社會的進步，經濟的發展，物質文化生活水準的提高，使奇石收藏進入了尋常百姓家。

　　瑪瑙石是人類最早發現的寶石之一，佛經中把瑪瑙石作爲「七寶」之一。當今估價億元的「雞雛出殼」「歲月」「中國版圖」等天價奇石都是瑪瑙石。價值幾十萬、數百萬甚至上千萬元的瑪瑙石屢見不鮮。廣大石友經多年的搜集、收藏、探索、研究，達成的共識是：從內蒙古莫力達瓦達斡爾族自治旗的尼爾基（前稱布西）至黑龍江齊齊哈爾市富拉爾基區紅岸嫩江段所產的水沖瑪瑙，質地細膩溫潤，色彩豐富豔麗，造型奇特優美，是嫩江瑪瑙中的籽料，是中國瑪瑙石中的佳品。

　　爲了弘揚嫩江水沖瑪瑙石文化，黑龍江鶴城奇石收藏家馮善良先生和奇石愛好者楊亞娟女士，透過整理在《中國商報·收藏拍賣導報》《大眾收藏報》《鶴城晚報》《石友》《中華奇石》《寶藏》雜誌上發表過的文稿，及齊齊哈爾電視臺《感悟奇石》專訪記錄和鶴城石友舉辦的「北國石界第一次盛會」的活動資料，撰寫了《嫩江水沖瑪瑙鑑賞與收藏》一書，其目的是拋磚引玉，與石友交流、探討。

　　本書第一章概述嫩江水沖瑪瑙文化的淵源及特徵；第二章以「身邊寶石、貴在發現」爲主題，展現美豔絕倫的嫩江水沖瑪瑙的觀賞與收藏價值；第三章以「瑪瑙遍天下，但逢有緣人」爲主題，同時介紹了瑪瑙石的搜集、清洗、養護、陳列、配座、命題、辨僞等收藏常識。

　　由於筆者的研究工作剛剛起步，加之藏品和知識有限，作爲第一部鑑賞專著，疏漏失誤在所難免，不當之處敬請方家斧正。

馮善良　楊亞娟

目　錄
Contens

嫩江水沖瑪瑙概說

嫩江自然地理

寶石界將具有紋帶構造隱晶質塊體的石英稱為瑪瑙，是隱晶——微晶質石英的集合體。化學成分以二氧化矽（SiO_2）為主，摩氏硬度為 6.5～7，折光率為 1.53～1.54，密度為 2.57～2.64 克／公分^3。

所謂的「嫩江水沖瑪瑙」，即出自於嫩江流域。

嫩江因水得名。它位於中國東北地區，全長 1370 千米。流域面積 282～748 平方千米。發源於大興安嶺伊勒呼里山中段南側。

正源稱南甕河，河源海拔 1030 公尺，流至十二站林場南與二根河匯合後始稱「嫩江」，海拔 920 公尺。後流經黑龍江、內蒙古、吉林三省（區）的黑河、嫩江、莫力達瓦、齊齊哈爾、大慶、大安、肇源等 16 個市、縣（旗），於吉林省前郭旗三岔河處與第二松花江匯合後流入松花江幹流。三岔河河口海拔約 130 公尺。

據史料記載，嫩江在南北朝時稱為「難水」，亦稱「難河」，元代稱為「李苦江」，明代稱「腦溫江」，清初名「諾尼江」。「諾尼」、「嫩」皆為滿語「碧綠」的意思。後因音成字，稱「嫩江」。

嫩江兩岸支流眾多，支流總長 4979 千米，長度在 100 千米以上的支流有15 條，構成典型的樹枝狀水系。

主要支流眾多，右岸有甘河、諾敏河、阿倫河、雅魯河、綽爾河及烏裕爾河等，左岸有門魯河、科洛河、訥謨爾河等。

嫩江自河源到嫩江縣的嫩江鎮為上游段，江道長 661 千米。河源區為大興安嶺山地林區，河谷狹窄，河流坡降大，具有山地河流性質，一般為單一河道，河寬 100～200 公尺，河床大多為板石、卵石，較穩定，水流流速較大；由嫩江鎮到莫力達瓦達斡爾族自治旗的尼爾基（前稱布西），江道長122 千米，為中游段，是山地到平原的過渡地帶，兩岸多低山丘陵，河谷很寬，除博庫淺、多金、登特科等局部河段為分汊河道外，其餘大部分為單一河道，河寬在 150～300 公尺之間，河床底質主要由卵石、粗沙、板沙組

成,較穩定;從尼爾基到匯入松花江的三岔河口,長587千米,為下游段,河流進入廣闊的松嫩平原。

其中,尼爾基至齊齊哈爾,河谷寬闊,主河床寬150－300公尺。河道分汊較長,有的長達10餘千米。兩岸沼澤地較多,岸壁高程較低,水大時漫岸,形成一片汪洋,河床底質為粗沙、礫石,河岸抗沖性較好,河床多年變化不大。

齊齊哈爾至三岔河,屬於平原河道,河寬一般在300～600公尺,中度洪水均漫灘,河床底質為中、粗沙,除托力河大汊道、白沙灘汊道外,多直流。

由此可見,嫩江水沖瑪瑙多蘊藏於尼爾基至齊齊哈爾江段的砂礫岩中。

嫩江地質歷史

從地質歷史上看,大興安嶺在前震旦亞代構造階段(16億－6億年前),是內蒙古北部、東北北部比較活躍的海槽。

在早古生代構造階段(6億—4億年前),由於「加里東」地殼激烈運動,出現海陸交匯的地層結構。當時海洋面積占絕對優勢,陸地不多。

在晚古生代構造階段(4億—2.25億年前),石炭紀和二疊紀,經過「海西運動」,形成大興安嶺褶皺帶與伊勒呼里山系雛形。此階段海侵發生。

在中生代構造階段(2.25億—7000萬年前),侏羅紀後期至白堊紀初期的「燕山運動」,使大興安嶺地區出現強烈地褶皺、斷裂,並發生了中酸性火山噴發。大興安嶺在「燕山運動」時有大量花崗岩侵入,同時又有大量斑岩、安山岩、粗面岩與玄武岩噴出。從全球範圍上看,海侵仍在繼續,海陸反覆變遷,有巨大斷裂產生和大規模的火山噴發。大興安嶺以花崗岩、石英粗面岩和安山岩為主,其中花崗岩分佈面積最大。在山地軸部邊緣及河谷中還有玄武岩分佈。

在新生代構造階段(7000萬—200萬年前),東北、內蒙、河北等地沿著斷裂帶都有大規模玄武岩噴發。在前述各構造階段直至新生代的第三紀、第四紀,嫩江下游仍遭受海侵,火山噴發頻繁。

嫩江流域的嫩江縣在元古代晚期、古生代和中生代的漫長地質時期中,多次發生猛烈的火山噴發。嫩江縣有玄武熔岩臺地350平方公里,皆呈盾狀或波狀。火山錐體附近有火山灰、火山浮石夾火山彈和火山集塊熔岩。嫩江

下游的齊齊哈爾市礦產儲量較大的有石英砂、石灰石、大理石、火山石、沸石、麥飯石、玄武岩、花崗岩、矽藻土、膨潤土等。從嫩江源頭到下游各流域都有玄武岩和高嶺土的分佈。

簡單地說，一是嫩江上中游地處火山爆發的地理環境，二是嫩江源頭與下游海拔高差懸殊，使其具備了水沖瑪瑙形成的地質歷史環境。

嫩江瑪瑙石文化淵源

嫩江下游地區蘊含著豐厚的歷史文化、民族文化和石文化資源。

位於黑龍江省齊齊哈爾訥河市學田鄉神泉屯東北處嫩江漫灘上的神泉石器遺址，先後出土了石製品3000多件，其中一枚瑪瑙石錐小巧精緻，工藝高超，在舊石器時代出土文物中堪稱極品。據考古專家介紹，這是一處中國國內少見的人類舊石器時代埋藏的「富礦」，時間在1.21萬—2萬年前。神泉石器遺址的發現，為國內外學者研究「舊石器時代如何向新石器時代過渡」這個熱門課題提供了寶貴的資料。

距今7500年左右的齊齊哈爾昂昂溪遺址，位於嫩江左岸，遺址群由22處遺址與17處遺物點組成，計39處，發掘出土的石器中，有玉髓和瑪瑙等大量珍貴文物遺址。被中外考古學界正式定名為新石器時代「昂昂溪文化」遺址，1988年被確立為「全國重點文物保護單位」。

嫩江下游的新石器，不同於舊石器時代那些較笨重的打製石器，更不同於新石器時代常見的磨光石器，也不同於南方出土的那些粗糙得多的「細小石器」。

嫩江細石器以嫩江河谷豐富的河卵石為原料，挑選出其中色彩斑斕、質地堅韌的燧石、瑪瑙、碧玉、蛋白石等，用間接打擊法或壓琢法製成。它們小巧玲瓏，既精美又結實，缺乏文物知識的人也能認出它們是古人類加工的石器，也願將其當作精美的工藝品來收藏。多少年來，每當狂風或洪水過後，嫩江下游的沙崗地和沙丘上經常會有細石器暴露。

清代劉鳳浩詩云：「采采嫩江綠，光晶石子鋪，人今投靺鞨，地古擅珣玗。」方觀承的《卜魁竹枝詞》：「墁壁光明有細沙，石成五色亦堪嘉。石妍似玉能成器，莫道邊城少物華。」這些詩詠的都是嫩江的瑪瑙石。嫩江出產的水膽瑪瑙古稱「空青石」，清代方式濟《龍沙紀略・物產》載：「空青，漁人間得之，不敢私匿。將軍酬以值，遺官奏進。或棄卒自得之，即遺送京師，奏其名例，得賜帛。」可見，早在清代，嫩江水膽瑪瑙就已是貢品。

嫩江水沖瑪瑙特徵

嫩江水沖瑪瑙是瑪瑙的一種，俗稱「江石」、「火石」，具有脂肪或蠟狀光澤，透明到不透明。

嫩江水沖瑪瑙是火山噴發的產物，因地殼升降、海侵海退、風沙凌礪，經水之沖刷、淘洗、搬運、碰磨，石面光潤，外形優美，婀娜多姿，有鮮明的通透感。其色彩絢麗溫潤，俏色豐富，質地堅硬，緻密細膩，當地人稱之為「嫩江瑪瑙中的籽料」，是中國瑪瑙石中的佳品。因含有微量金屬或著色礦物，其色彩極為豐富，流光溢彩、斑斕繽紛，呈黃、白、紅、赭、紫、灰、藍、黑、綠等色，各顯其美。

在質感上分，嫩江水沖瑪瑙可劃分為透明、半透明、不透明、苔蘚、雲、水膽、葡萄瑪瑙等品種。

透明瑪瑙，指透明如水的瑪瑙。在所有品種的瑪瑙中，透明度越高品質越佳，完全透明如水的瑪瑙比較罕見。

半透明瑪瑙，指介於透明和不透明之間的瑪瑙。這一品種在瑪瑙中最為常見，但不應將半透明者稱為透明者。

不透明瑪瑙，指透不過光線的瑪瑙。

苔蘚瑪瑙，當瑪瑙中混入綠泥石礦物時，有時會形成苔蘚狀或樹枝狀花紋，稱苔蘚瑪瑙。

雲瑪瑙，質地有雲霧感的瑪瑙。

水膽瑪瑙，瑪瑙中包含有天然液體的品種。古稱「空青石」，又名「營漿石」。由於生成條件特殊，這種瑪瑙極不容易見到，是一種世上罕見的奇特品種。

葡萄瑪瑙，是海底火山噴發產生的氣泡經二氧化矽填充而成的呈葡萄粒狀結構的瑪瑙。嫩江水沖葡萄瑪瑙，是20世紀80年代發現的新石種，晶瑩剔透，色彩絢麗，造型奇特，一面世就備受國內外眾多石友的青睞。

石界普遍認為，葡萄瑪瑙只產於內蒙古阿拉善左旗蘇宏圖一帶，舉世無雙。而嫩江具備海底火山爆發、玄武岩、高嶺土等葡萄瑪瑙形成的地質條件。水沖葡萄瑪瑙石光滑圓潤，形態各異，色彩豐富。有的石體上葡萄顆粒大小不一，有的葡萄顆粒小而均勻，有的葡萄顆粒形成了一串，有的葡萄顆粒在杯形瑪瑙的內外壁上都有分佈，有的葡萄顆粒生在裸露的晶體上，有的顆粒葡萄與柱狀葡萄共生。這些千姿百態的葡萄顆粒，對研究火山噴發產生

的氣泡形態、變化條件及規律很有價值。

在紋理上分，嫩江水沖瑪瑙可劃分為纏絲瑪瑙和帶狀瑪瑙。

纏絲瑪瑙，是指具有細紋帶構造的瑪瑙，亦稱「縞瑪瑙」。其紋帶可細得像蠶絲一樣，而且顏色有許多種變化，可進一步劃分為紅縞瑪瑙、紅白縞瑪瑙、黑白縞瑪瑙、褐白縞瑪瑙、棕黑縞瑪瑙等。

帶狀瑪瑙，指具有較寬平行紋帶的瑪瑙。通常條帶為單色的不同色調，或由兩種相間排列的顏色組成，少有兩種以上顏色。此類瑪瑙的主要特點是紋帶較寬且平行，在彎折處也呈平行狀。有的帶狀瑪瑙的紋帶形成文字、山水和動植物圖案，有的在局部生成紋帶，有的形成夾層紋帶，有的形成通體紋帶……千姿百態，令人歎為觀止。

大自然鬼斧神工般造就的嫩江帶狀瑪瑙色彩斑斕，紋理奇特，美得極其自然，極具創造性，是任何寶石紋帶都不可比擬的。

嫩江水沖瑪瑙的造型或圖案，意境有的深遠，給人以遐想；有的明晰，給人以直率；有的博大，給人以開闊；有的含蓄，給人以沉思；有的奇譎，給人以啟迪。不同的意境，會給人帶來不同的感悟。真可謂奇中有巧，巧中有妙，妙中有雅，達到了一種天成與人趣碰撞、情境與心境融會的美妙境界。在奇石愛好者的眼裏，那些小巧玲瓏、造型生動、氣韻優雅的嫩江水沖瑪瑙，不愧是最為理想的雅石。

嫩江水沖瑪瑙賞析

日月星辰

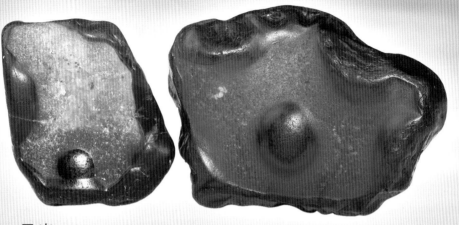

日出

左：寬4.2公分，高5.4公分，厚1.8公分

右：寬6.3公分，高4.4公分，厚2.1公分

仿若來自遠古未知的洪荒，在奇麗的外表上，記錄了茫茫宇宙多少神秘的訊息？

茫茫宇宙

上：寬5.3公分，高3.3公分，厚2.5公分

下：寬4.8公分，高2.8公分，厚2.1公分

天日
寬7.5公分
高3.8公分
厚4.3公分

別有洞天
左：外徑5.6公分，內徑3.4公分，厚3.2公分
右：外徑5.6公分，內徑2.1公分，厚4.4公分

日月合璧海上升

寬7.0公分，高7.0公分，厚3.0公分

　　日月合璧，指日月同時上升，出現於陰曆的朔日。古人認為是國家的瑞兆。

　　奇石下方的海浪托起太陽，太陽的光效應恰似月亮，構成了日月合璧景觀。觀海上日出，賞海上明月，是人生一大幸事。

日月同心

寬7.0公分，高5.0公分，厚4.0公分

日光月華

左：直徑3.6公分，厚2.8公分

右：寬4.1公分，高4.6公分，厚3.8公分

三潭印月

直徑3.2公分

星空
寬 4.5 公分
高 4.6 公分
厚 3.7 公分

日食月食
左：寬 3.8 公分，高 3.0 公分，厚 2.9 公分
右：寬 3.5 公分，高 3.0 公分，厚 2.8 公分

天圓地方

左：直徑2.9公分

中：寬4.6公分，高4.1公分，厚1.7公分

右：直徑2.7公分

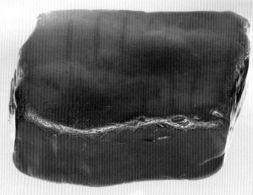

海上明月

寬8.5公分，高7公分，厚3.3公分

海上生明月，天涯共此時。

月全食
寬3.0公分，高4.0公分，厚3.0公分

肉形石

豬腰條鮮肉
寬6.8公分，高2.5公分，厚2公分

　　寶雅何須大，花香不在多。君不見台北故宮博物院的「東坡肉」肉形石，寬5.73公分，高6.6公分，厚5.3公分，是鎮館之寶，人氣最旺。

　　豬腰條鮮肉栩栩如生。觀其造型，從脊背到腹部的彎曲度及肥瘦肉的厚度，幾乎與真豬腰條鮮肉一樣。肉皮、肥肉、瘦肉及板油揭後的白亮油膜齊全，比例協調，層次清晰，色調鮮明，細膩晶瑩。小巧玲瓏而且精湛，其獨特性、完整性、美觀性和神韻性，令人嘆為觀止。

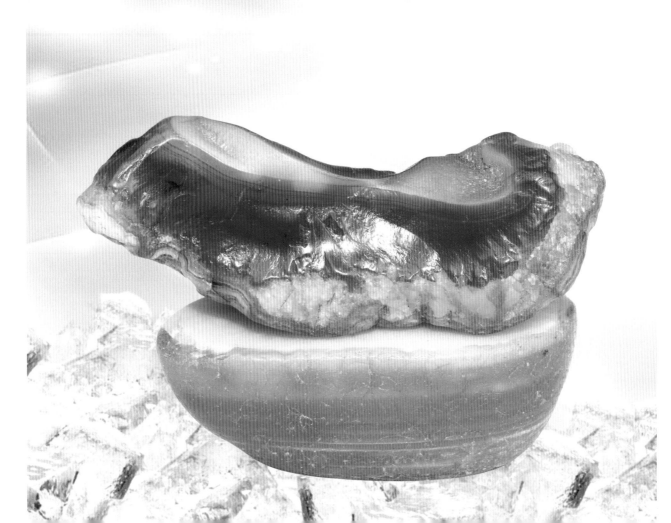

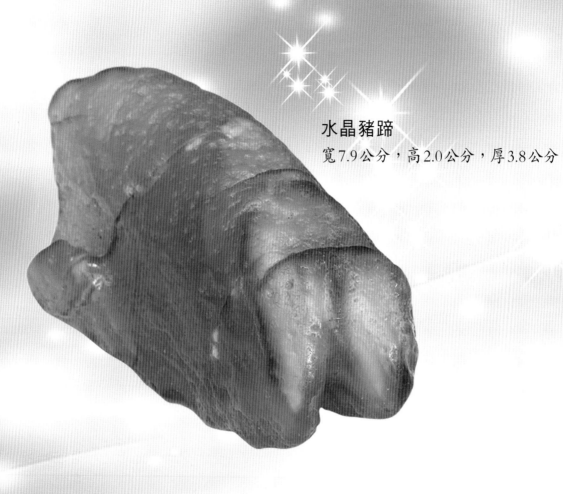

水晶豬蹄
寬7.9公分，高2.0公分，厚3.8公分

豬後鞧
寬5.9公分，高4.5公分，厚2.7公分

里脊肉

共8塊，尺寸不詳

紅燜肘子

寬10公分，高9公分，厚6公分

百石宴
共28道菜，尺寸不詳

酥白肉
共8塊，尺寸不詳

慧眼天生

慧眼獨具

寬3.8公分，高6.8公分，厚1.9公分

一目了然

寬5.6公分，高7公分，厚3.5公分

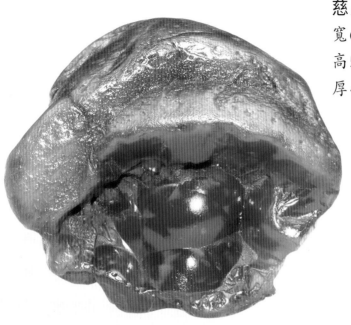

慈眉善目
寬 6.3 公分
高 5.1 公分
厚 4.0 公分

望天犼
寬 5.5 公分
高 7.0 公分
厚 4.0 公分

月下爭妍

左：寬5.2公分，高5.1公分，厚3.3公分

右：寬5.7公分，高5.2公分，厚4.0公分

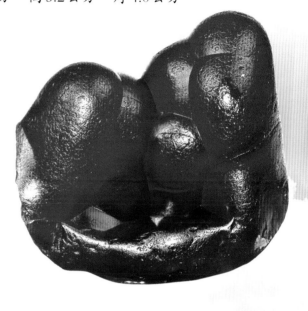

凝視

寬4.0公分

高6.0公分

厚5.0公分

神瑞預兆

鴻運走來
寬5.6公分
高6.8公分
厚4.8公分

　　造型似兩隻紅色
企鵝並肩向你走來，
寓意吉祥。

屢屢鴻運
寬5.0公分
高6.0公分
厚4.0公分

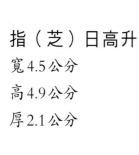

指（芝）日高升

寬 4.5 公分

高 4.9 公分

厚 2.1 公分

年年有餘

寬 6.5 公分，高 9.0 公分，厚 4.0 公分

此奇石魚肚凸起，首尾相連，
構成了「年年有餘」吉祥圖案。

數（鼠）錢

寬9.0公分

高6.0公分

厚5.0公分

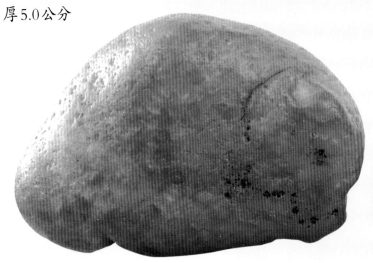

連年有餘

寬7.0公分，高3.3公分，厚2.3公分

蝙蝠

寬6.6公分，高5.2公分，厚5.0公分

人們常以蝙蝠之「蝠」喻示幸福之「福」。

鯉魚跳龍門

寬3.4公分

高4.3公分

厚2.1公分

神龜赤兔

左：寬 6.0公分，高4.3公分，厚4.8公分
右：寬11.0公分，高7.1公分，厚4.3公分

　　古人視龜為靈物，象徵長壽。《瑞應圖》云：「赤兔者瑞獸，王者盛德則至。」此組奇石中的龜兔造型有虛有實，線條有疏有密，軀體各部位起、承、轉、合都有交代，都有著落。觀之，龜兔均躬背、舉足、伸頭、動態顯著，一幅龜兔賽跑畫面栩栩如生。同時又可組成龜兔對話畫面，寓意為：「昔日竟爭對手，今天和諧相處，共求發展。」

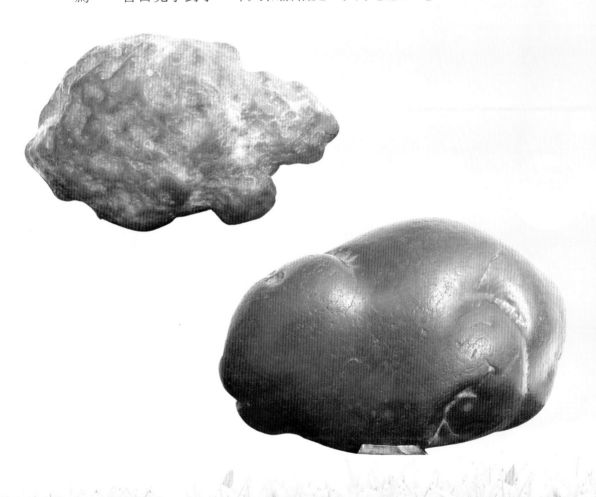

天賜奧運

北京奧運主題口號

左：寬5.4公分，高7.1公分，厚4.8公分
中：寬6.4公分，高6.8公分，厚3.8公分
右：寬4.6公分，高5.2公分，厚3.2公分

　　大熊貓造型與畫家吳作人所創作的大熊貓郵票上的熊貓圖案
相似，此石造型為初生熊貓，通體微白，頭、身、肢、尾齊全，
各部尺寸比例協調，結合自然，好似精湛的雕塑品。它伏臥在好
似地球的球狀體上，象徵著福娃與世界各國人民共同實現追求奧
林匹克運動的美好夢想。體現了「同一個世界，同一個夢想」的
北京奧運主題口號所表達的精神。

賽車
寬 3.9 公分
高 5.6 公分
厚 3.0 公分

棒球手
寬 4.9 公分
高 5.9 公分
厚 3.9 公分

足球
直徑 4.2 公分

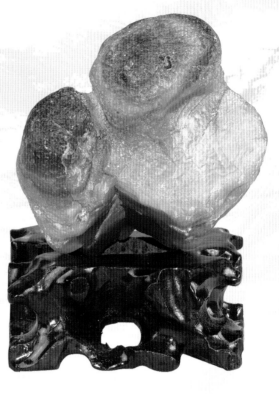

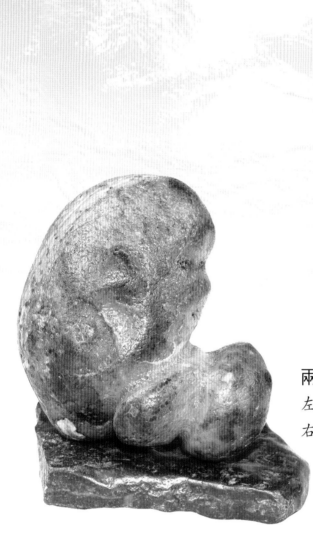

兩個拳擊手

左：寬6.0公分，高6.0公分，厚4.0公分

右：寬7.0公分，高7.0公分，厚5.0公分

拳擊手與裁判員

自左到右：

寬4.4公分，高6.4公分，

厚4.1公分；寬4.3公分，

高5.4公分，厚3.3公分；

寬4.8公分，高6.9公分，

厚3.4公分；寬4.4公分，

高5.6公分，厚3.5公分。

福娃晶晶 A
直徑 4.9 公分

福娃晶晶 B
寬 3.7 公分，高 3.4 公分，厚 2.7 公分

福娃晶晶 C
寬 5.9 公分
高 4.2 公分
厚 2.3 公分

福娃晶晶 D
寬 6.3 公分
高 6.7 公分
厚 3.3 公分

食品果蔬

「瞎扯蛋」
尺寸不詳

陳年佳釀
左：寬6.2公分，高4.8公分，厚5.8公分
右：寬7.6公分，高5.8公分，厚6.2公分

塵封億萬年，開壇十里香。

番茄
尺寸不詳

蠶蛹
尺寸不詳

茄子

上：寬9.2公分，高3.8公分，厚2.9公分

中：寬12.9公分，高3.8公分，厚2.6公分

下：寬8.8公分，高4.6公分，厚3.5公分

美味香酥魚

尺寸不詳

仙桃

尺寸不詳

玉米
寬2.9公分
高6.4公分
厚3.2公分

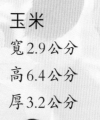

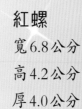

紅螺
寬6.8公分
高4.2公分
厚4.0公分

葡萄
尺寸不詳

果實累累
寬3.1公分
高5.4公分
厚2.3公分

葡萄瑪瑙

　　葡萄瑪瑙是20世紀80年代發現的新石種，晶瑩剔透，色彩絢麗，造型奇特，備受青睞，現已登上了奇石大雅之堂。

月色闌珊
寬6.0公分
高6.5公分
厚4.0公分

《葡萄歌》詩意
左：寬5.6公分，高8.4公分，厚3.8公分
右：寬5.3公分，高5.0公分，厚4.0公分

繁葩組綬結，懸實珠璣纍。
馬乳帶輕霜，龍鱗曜初旭。

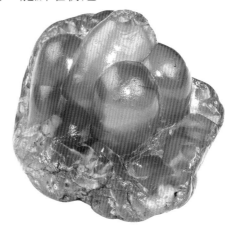

葡萄瑪瑙夜光杯

寬 10.2公分
高　8.0公分
厚　6.5公分

　　古代稱用美玉製成的酒杯
為夜光杯。此奇石呈杯形，杯
外及內壁佈滿了葡萄顆粒。借
用「葡萄美酒夜光杯」詩句，
稱其為葡萄瑪瑙夜光杯。

顆粒與柱狀共生

左：寬11.0公分，高5.0公分，厚5.0公分
右：寬11.0公分，高5.0公分，厚5.0公分

惟妙惟肖

寬7.0公分，高8.0公分，厚4.0公分

　　此奇石上方葡萄粒較大，往下逐漸變小。整串葡萄為三角形，上大下小，粒粒葡萄緊密相靠，有高有低，與天然成串的葡萄形態一樣。此奇石與《中國版圖葡萄瑪瑙》等精品奇石上的單個顆粒狀葡萄相比，更能展示天地造化之風采。

均勻小顆粒

寬10.2公分，高8.0公分，厚6.5公分

　　葡萄瑪瑙有的渾身掛珠，有的部分掛珠。有的珠子大，似葡萄；有的珠子小，像珍珠；有的珠子很小，如小米；有的珠子小得肉眼都看不清楚。此石上形成了顆粒較小且均勻的葡萄瑪瑙。

魚眼葡萄

寬4.8公分，高5.2公分，厚3.5公分

　　魚眼葡萄瑪瑙在葡萄瑪瑙中是較罕見
的，其酷似魚眼又似葡萄的造型和紋理極
具靈動氣息。

紋帶瑪瑙

　　大自然鬼斧神工造就的嫩江紋帶瑪瑙，色彩斑斕，紋理奇特，美得極其自然，極具創造性，是任何寶石紋帶都不可比擬的。筆者收藏的嫩江紋帶瑪瑙大體上可分為三類：纏絲瑪瑙、帶狀瑪瑙、紋帶瑪瑙。

纏絲瑪瑙
上：寬7.1公分，高4.0公分，厚4.0公分
下：寬5.0公分，高5.0公分，厚4.0公分

　　纏絲瑪瑙，亦稱「縞瑪瑙」，古稱「截子瑪瑙」，是具有細紋帶構造的瑪瑙，紋帶細得像蠶絲一樣。它是各種顏色以絲帶形式相間纏繞的一種瑪瑙，因相間色帶細如蠶絲，所以稱為「纏絲瑪瑙」。

紋帶瑪瑙

A：寬3.9公分，高4.8公分，厚4.1公分
B：寬7.1公分，高4.2公分，厚5.3公分
C：寬4.7公分，高7.8公分，厚2.8公分
D：寬7.9公分，高4.5公分，厚5.0公分
E：寬4.5公分，高7.5公分，厚3.7公分
F：寬7.1公分，高6.2公分，厚5.5公分
G：寬6.8公分，高4.5公分，厚3.0公分
H：寬4.3公分，高4.8公分，厚3.6公分

　　紋帶瑪瑙是纏絲和帶狀瑪瑙中紋帶形成文字、山水和動植物圖案的一種瑪瑙。有的在局部生成圖案紋帶，有的形成夾層紋帶，有的形成通體紋帶，千姿百態，令人嘆為觀止。

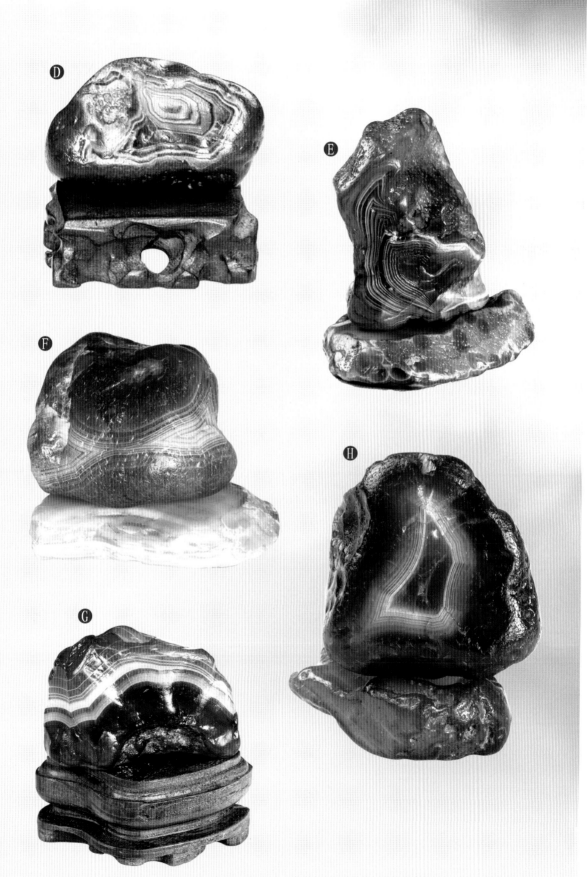

帶狀瑪瑙

A：寬5.0公分，高6.0公分，厚4.0公分
B：寬6.0公分，高5.0公分，厚4.0公分
C：寬5.0公分，高8.0公分，厚4.0公分

　　帶狀瑪瑙指具有較寬平行紋帶的
瑪瑙。條帶通常為單色的不同色調，
或為兩種相間排列的顏色，少有兩種
以上顏色。此類瑪瑙的主要特點是紋
帶較寬且平行，在彎折處也呈平行狀
態。

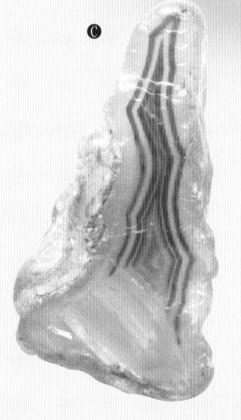

鴨　子

　　遠遠望去，小鴨子就像一個黃色的絨球在滾動。它有時也會昂著淡黃色的小腦袋，瞪著一雙炯炯有神的大眼睛，張著嘴巴，挺著胸膛，翹著小尾巴，抬起淡黃的小腳丫，趾高氣揚地邁開正步在屋裏轉來轉去。

母子情深
左：直徑3.0公分
右：寬3.0公分，高3.0公分，厚2.0公分

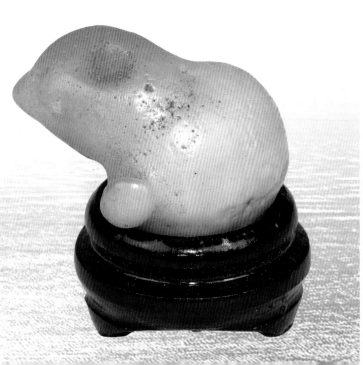

群鴨嬉戲

A：寬2.0公分，高4.0公分，厚2.0公分

B：寬6.1公分，高7.0公分，厚4.3公分

C：寬5.2公分，高6.8公分，厚3.4公分

D：寬5.4公分，高6.2公分，厚4.0公分

E：寬4.7公分，高2.9公分，厚2.2公分

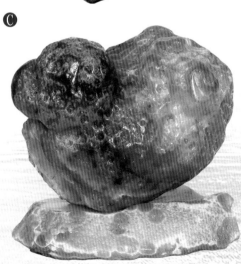

伴侶

左：寬4.5公分，高4.6公分，厚2.5公分

右：寬4.3公分，高3.7公分，厚2.8公分

曲江冰欲盡，風日已恬和。

柳色看猶淺，泉聲覺漸多。

飛 鳥

哺育

左：寬6.0公分，高11.0公分，厚4.0公分

右：寬3.5公分，高 6.0公分，厚4.0公分

鷹擊長空

寬11.6公分

高6.9公分

厚3.7公分

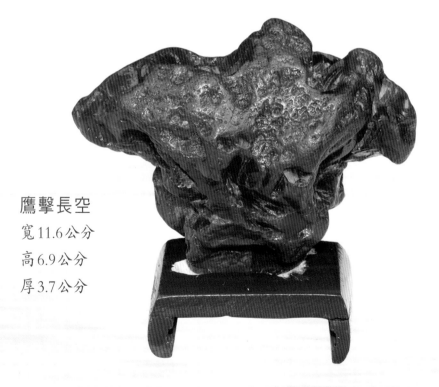

群鳥爭春
A：寬6.8公分，高6.0公分，厚4.4公分
B：寬5.3公分，高6.0公分，厚4.6公分
C：寬5.5公分，高5.3公分，厚3.4公分
D：寬5.8公分，高6.2公分，厚3.9公分

雛鳥
上：寬11.0公分，高9.0公分，厚8.0公分
下：寬 5.5公分，高3.5公分，厚3.5公分

鳳求凰

左：寬8.7公分，高8.1公分，厚6.1公分
右：寬6.5公分，高5.1公分，厚2.6公分

對語

左：寬4.2公分，高3.4公分，厚2.6公分
右：寬4.2公分，高5.8公分，厚2.9公分

精衛填海
寬7.2公分，高5.8公分，厚3.4公分

　　精衛，古代神話中的小鳥，傳說炎帝的女兒在東海淹死，靈魂化為彩首、白喙、赤足的精衛鳥，每天銜西山的木石來填東海。後用「精衛填海」來比喻不畏困難，意志堅決。此奇石造型為一彩首白喙的鳥頭口銜巨石，再現了精衛填海的堅強意志。

仰天長鳴

寬5.0公分，高8.0公分，厚3.0公分

孔雀開屏

寬6.0公分，高9.0公分，厚4.0公分

欲飛

寬11.5公分，高7.2公分，厚2.5公分

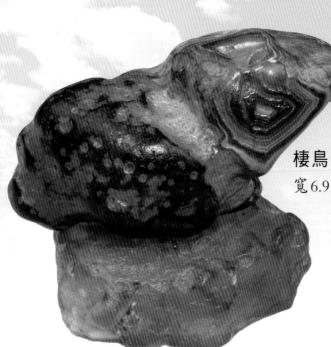

棲鳥
寬6.9公分，高3.0公分，厚2.3公分

鸚鵡
寬7.8公分，高5.7公分，厚5.1公分

神鳥
寬3.6公分，高3.4公分，厚1.6公分

十二生肖

　　在幾千年的中國傳統文化中，生肖不僅是一種形象生動的紀年方式，更和每個人的命運結合起來，被賦予了神秘的內涵。據考證，十二生肖最早起源於東漢時期。

子鼠
寬7.1公分，高5.0公分，厚4.5公分

　　十二生肖之首。午夜十一時至凌晨一時為子時，正是夜深人靜、老鼠活動頻繁之時，稱「子鼠」。

丑牛
寬7.8公分，高5.6公分，厚5.2公分

　　十二生肖第二位。凌晨一點到三點為丑時。牛喜歡夜間吃草，有經驗的農民常在深夜起來挑燈餵牛，稱「丑牛」。

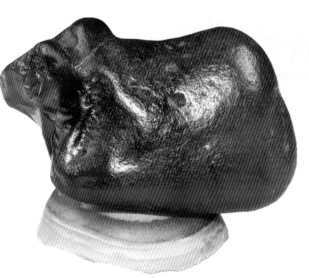

寅虎

寬5.3公分，高4.5公分，厚1.8公分

十二生肖第三位。凌晨三點到五點為寅時。此時晝伏夜行的老虎最為凶猛，人們常在此時聽到虎嘯，稱「寅虎」。

卯兔

寬5.8公分，高4.5公分，厚2.6公分

十二生肖第四位。早上五點到七點為卯時。天剛亮，兔子出窩，它們喜歡吃帶有晨露的青草，稱「卯兔」。

辰龍
寬7.3公分，高7.5公分，厚4.3公分

　　十二生肖第五位。上午七點至九點為辰時。此時容易起霧，傳說中的龍出現時往往騰雲駕霧，而且此時又正值旭日東升，蒸蒸日上，稱「辰龍」。

　　此瑪瑙奇石天然自成為一環形龍，與含山文化片狀環形陰刻玉龍的造型吻合。此石質地溫潤，光潔晶瑩，龍的頭、嘴、眼、耳、身、尾齊全，各部位比例協調，位置適當。龍通體肥碩，蜷曲呈圓形，所展示的週而復始，生生不息的運動之美、簡約之美，令人拍案叫絕。

巳蛇
寬4.1公分，高4.4公分，厚2.2公分

　　十二生肖第六位，上午九點到十一點為巳時，晨霧散盡，豔陽高照，蛇類覓食，稱「巳蛇」。

午馬
寬3.6公分，高5.0公分，厚2.7公分

　　十二生肖第七位。上午十一點到下午一點為午時。野馬尚未被人馴化時，每到中午奔跑嘶鳴，稱「午馬」。

未羊

上：寬4.1公分，高3.0公分，厚2.2公分

下：寬5.6公分，高4.0公分，厚3.7公分

　　十二生肖第八位。下午一點到三點為未時。有的地方管這個時間叫「羊出坡」，是放羊的好時間，稱「未羊」。

申猴

寬3.8公分，高5.2公分，厚3.5公分

　　十二生肖第九位。下午三點到五點為申時。太陽偏西，猴子喜歡在此時啼叫，稱「申猴」。

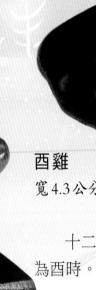

酉雞

寬4.3公分，高4.4公分，厚2.7公分

　　十二生肖第十位。下午五點到傍晚七點為酉時。太陽落山，雞歸窩，稱「酉雞」。

戌狗

寬4.1公分，高5.3公分，厚3.7公分

　　十二生肖第十一位。晚上七點到九點為戌時。人們忙碌一天，要上床睡覺了。狗在門外守候，一有動靜就汪汪大叫，稱「戌狗」。

亥豬

寬5.2公分，高3.1公分，厚3.8公分

　　十二生肖第十二位。晚上九點
到十一點為亥時。夜深人靜，能聽
到豬拱槽的聲音，稱「亥豬」。

十二生肖大薈萃

尺寸不詳

千姿百態的人物

人猿揖別

寬12公分，高11公分，厚8.5公分

　　此長臂靈猿頭部五官、身、肢、尾齊全，各
部位置適當，比例協調，它通體顏色一致，毛紋
精美，面部俏色突出。奇石右側略顯出的小小山
坡，使靈猿登高回眸之態更加活靈活現，令人拍
案叫絕。

面容
寬　7.0公分
高10.0公分
厚　4.0公分

猿人頭像
寬5.3公分
高4.7公分
厚5.1公分

吶喊
寬8.5公分
高8.5公分
厚4.9公分

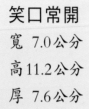

笑口常開

寬　7.0公分

高 11.2公分

厚　7.6公分

心裏美

寬 7.2公分

高 9.7公分

厚 7.0公分

老人頭像
寬7.0公分
高7.0公分
厚3.0公分

手
寬5.0公分
高6.0公分
厚3.0公分

武士頭像
寬 6.公分
高 6.0公分
厚 3.0公分

小兒戲球
寬 10.0公分
高 6.0公分
厚 6.0公分

武士頭像
寬6.0公分
高6.0公分
厚3.0公分

老嫗
寬6.7公分
高8.2公分
厚4.6公分

古稀老人

寬　6.0公分

高11.0公分

厚　4.0公分

祖孫同樂

左：寬5.1公分，高6.6公分，厚5.6公分

右：寬7.0公分，高7.4公分，厚6.3公分

騎士
　寬7.1公分
　高4.6公分
　厚4.1公分

天外來客
　左：寬5.7公分，高6.1公分，厚4.1公分
　右：寬5.8公分，高5.5公分，厚3.2公分

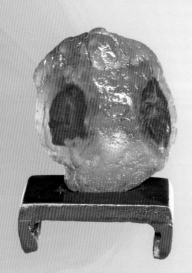

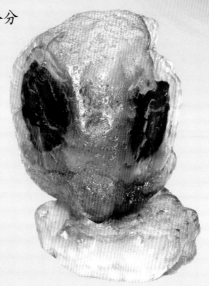

金口玉言
寬4.4公分
高4.5公分
厚3.2公分

京劇臉譜
寬3.8公分
高5.8公分
厚1.4公分

搏擊風浪

寬8.8公分

高6.5公分

厚6.6公分

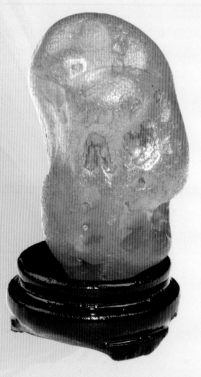

調皮男孩

寬3.7公分

高5.3公分

厚3.8公分

樂天派
寬3.7公分
高5.2公分
厚2.7公分

倔強
寬9.1公分
高7.7公分
厚5.2公分

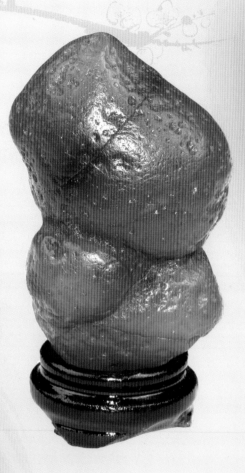

小廚師
寬 4.4公分
高 6.5公分
厚 3.5公分

李時珍
寬 3.9公分
高 6.4公分
厚 2.8公分

兒童
寬5.4公分
高9.3公分
厚4.2公分

思
寬4.6公分
高4.9公分
厚3.7公分

讀
寬4.9公分
高5.3公分
厚3.3公分

赤髮鬼劉唐
寬4.6公分
高7.6公分
厚4.9公分

遙望
寬4.6公分
高7.4公分
厚3.6公分

長相思
寬　5.6公分
高 10.2公分
厚　2.7公分

古猿
寬7.9公分
高4.6公分
厚2.7公分

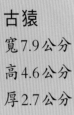

西方人肖像
寬6.4公分
高6.7公分
厚4.7公分

時尚女郎
寬3.8公分
高6.9公分
厚2.9公分

瞠目
寬5.5公分
高5.5公分
厚3.0公分

雙胞胎
寬8.4公分
高5.5公分
厚5.8公分

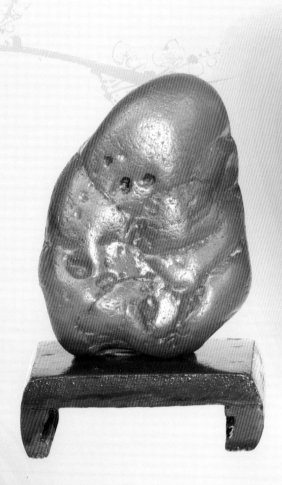

壽星
寬4.6公分
高5.9公分
厚3.0公分

非洲公主
寬5.9公分
高6.6公分
厚2.2公分

動物世界

小憩
寬6.0公分
高10.0公分
厚5.0公分

和諧相處
左：寬10.0公分，高5.0公分，厚4.0公分
右：寬 5.0公分，高9.0公分，厚4.0公分

俯首甘為孺子牛

寬　6.0公分

高 10.0公分

厚　5.0公分

狼外婆

寬 5.0公分

高 9.0公分

厚 3.0公分

怪獸

寬　8.0公分

高 10.0公分

厚　4.0公分

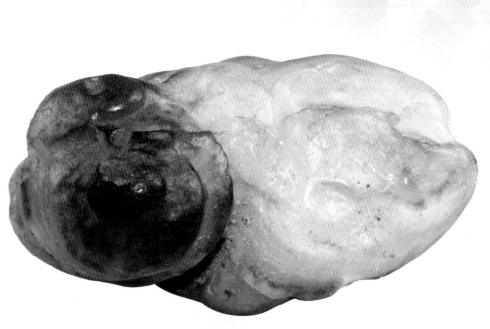

小蜜蜂

寬4.0公分，高6.0公分，厚3.0公分

小精靈

寬4.0公分，高6.0公分，厚3.0公分

無奈

寬4.4公分

高6.1公分

厚3.3公分

壯

寬7.3公分

高4.6公分

厚4.0公分

神州醒獅
寬 6.0 公分
高 6.2 公分
厚 3.0 公分

稚拙
寬 4.8 公分
高 4.9 公分
厚 3.2 公分

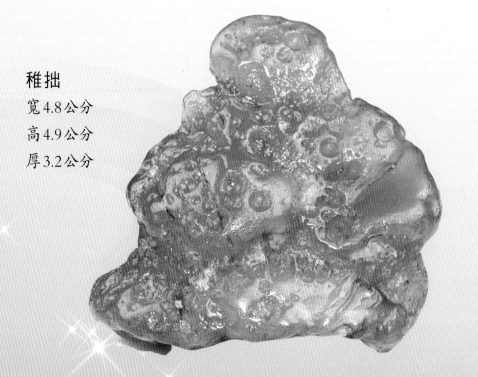

坐井觀天
寬4.6公分
高4.9公分
厚4.1公分

對話
左：寬4.0公分，高5.8公分，厚2.5公分
右：寬4.6公分，高5.0公分，厚2.6公分

脈脈含情
左：寬3.9公分，高5.8公分，厚2.5公分
右：寬4.6公分，高3.5公分，厚3.3公分

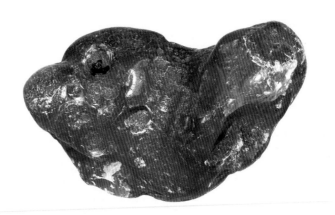

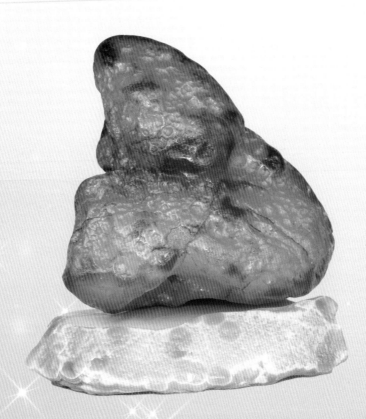

搬運
寬4.9公分
高5.1公分
厚2.3公分

熊姿

寬　6.3公分

高12.2公分

厚　5.4公分

弓背

寬5.6公分

高8.7公分

厚4.9公分

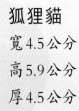

狐狸貓

寬4.5公分

高5.9公分

厚4.5公分

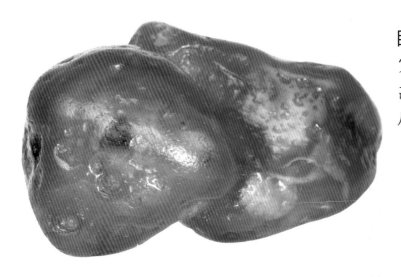

臥獸
寬 8.7 公分
高 2.6 公分
厚 2.6 公分

熊
寬 4.1 公分
高 6.1 公分
厚 4.2 公分

悠閑自得
寬 2.9 公分
高 3.6 公分
厚 2.1 公分

一飛沖天
寬5.4公分
高7.5公分
厚5.1公分

玉兔
寬13.6公分，高7.8公分，厚7.1公分

海兔
寬3.4公分
高6.4公分
厚3.2公分

犀牛
尺寸不詳

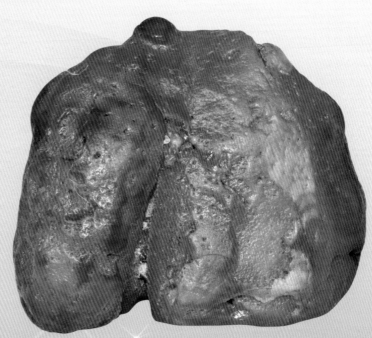

傾訴

左：寬3.9公分，高5.2公分，厚3.4公分
右：寬3.2公分，高4.7公分，厚2.3公分

長臉獸
尺寸不詳

駱駝頭
寬7.4公分，高4.6公分，厚2.7公分

金錢龜
寬5.9公分
高2.3公分
厚4.6公分

大耳獸
寬 5.9 公分
高 6.3 公分
厚 4.4 公分

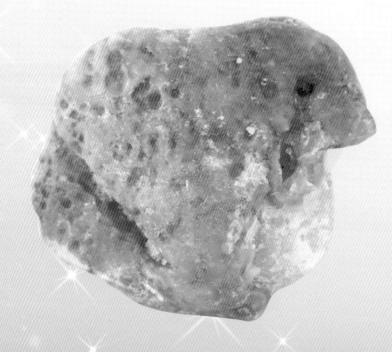

雛
寬 5.5 公分
高 4.8 公分
厚 4.2 公分

風中竹
寬 5.7 公分
高 7.9 公分
厚 4.4 公分

回首
寬 5.1 公分
高 7.6 公分
厚 4.7 公分

窺視
寬 5.1 公分
高 5.2 公分
厚 4.8 公分

頂球
寬 6.3 公分
高 7.5 公分
厚 3.1 公分

蝌蚪
尺寸不詳

夫唱婦隨
左：寬7.2公分，高7.9公分，厚4.8公分
右：寬9.8公分，高6.1公分，厚7.3公分

動物世界
寬6.5公分，高7.9公分，厚5.1公分

雛雞
寬4.6公分
高6.2公分
厚4.7公分

雞婆婆
寬3.5公分
高4.2公分
厚2.1公分

紅貓
寬3.5公分
高6.2公分
厚2.6公分

花臉貓
尺寸不詳

三貓
左：寬4.7公分，高6.1公分，厚4.3公分
中：寬5.5公分，高8.2公分，厚3.9公分
右：寬4.9公分，高8.4公分，厚4.1公分

小獵兔犬史努比
尺寸不詳

小棕熊
寬6.3公分
高5.7公分
厚5.7公分

對視

左：寬3.6公分，高5.3公分，厚3.7公分

右：寬5.7公分，高6.2公分，厚4.9公分

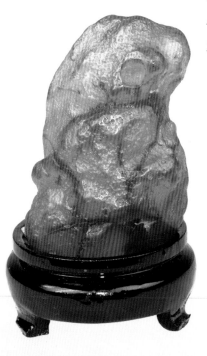

小精靈

寬5.2公分

高7.9公分

厚5.4公分

惬意
寬 4.5 公分
高 7.1 公分
厚 4.8 公分

鼠之家庭
尺寸不詳

虎虎生威
寬 9.0 公分
高 8.0 公分
厚 3.0 公分

醫神對話
左：寬 7.2 公分，高 5.9 公分，厚 5.6 公分
右：寬 8.1 公分，高 8.3 公分，厚 5.2 公分

　　在傳說中，蛇象徵著健康、長壽，是先民的崇拜對象和供奉對象，在西方，古希臘醫神的形象是手持長杖，杖身盤繞著一條蛇。現在，世界衛生組織的徽章上就有蛇繞長杖的圖案。此組奇石，兩蛇蛇頭相對，好像在對話，在訴說著自己鮮為人知的傳奇。

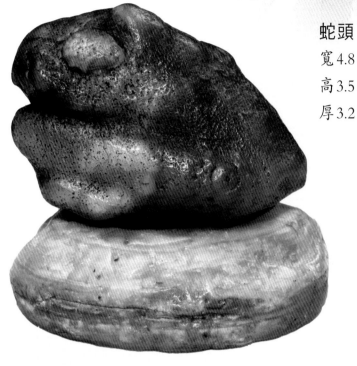

蛇頭
寬4.8公分
高3.5公分
厚3.2公分

馬首是瞻
左：寬5.1公分，高6.3公分，厚3.2公分
右：寬3.7公分，高4.2公分，厚3.2公分

戲球
寬　8.0公分
高10.0公分
厚　7.0公分

小狗
寬3.8公分
高4.0公分
厚2.9公分

寵物狗
寬6.0公分
高8.0公分
厚4.0公分

松獅
寬 4.0 公分
高 3.8 公分
厚 2.9 公分

狗頭
寬 5.5 公分
高 4.7 公分
厚 4.5 公分

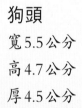

沙皮狗
寬 5.5 公分
高 6.5 公分
厚 3.2 公分

小豬
寬 4.3 公分
高 4.7 公分
厚 3.0 公分

寵物豬
寬 5.7 公分
高 4.5 公分
厚 2.8 公分

會唱歌的石頭

《咱們工人有力量》
寬7.0公分，高8.0公分，厚4.0公分

　　此奇石左側造型為工人使用的帶有調節鬆緊的活口扳子，右側紅色圓形圖案猶如太陽，太陽左方又有一小小的黃色彎月，扳子緊緊夾住了太陽與彎月。欣賞這枚配上巨手的奇石，心裏默默唱起《咱們工人有力量》，工人階級創造新世界的高大形象躍然眼前。這枚奇石所展現的正是工人階級扭轉乾坤、敢叫日月換新天的無窮威力和偉大功績。

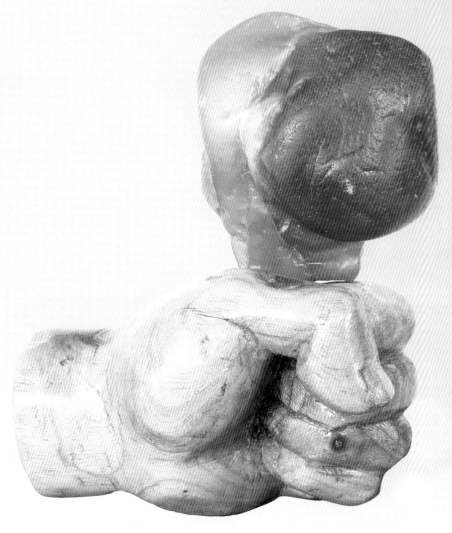

慈母
寬 9.3公分
高 7.3公分
厚 8.5公分

水晶心
寬 3.6公分
高 3.9公分
厚 2.3公分

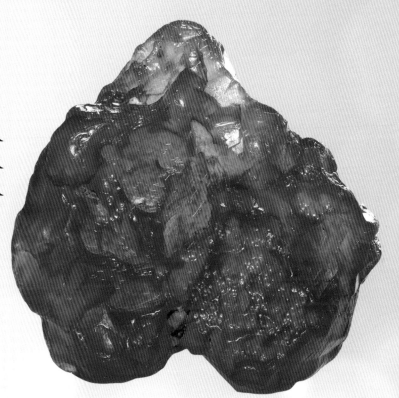

感悟

左：寬3.3公分，高4.5公分，厚2.4公分

右：寬2.8公分，高5.1公分，厚2.8公分

飛來石

寬3.1公分，高6.8公分，厚2.4公分

　　相傳，黃山飛來石為女媧補天所剩下的兩石之一，後來飛落黃山。其實「飛來石」並非天外飛來，它與下部的基座平台原係一體，都是由黃山岩體補充期侵入的中細粒斑狀花崗岩所構成，後由於風化剝蝕、冰川流水和重力崩塌，四周岩塊逐漸剝離脫落，基座平台上的接觸面變得很小，最終形成了兀立於高座平台之上的「飛來石」奇觀。

夢

寬5.1公分

高6.7公分

厚1.9公分

女兒鏡

直徑5.2公分

當窗理雲鬢，對鏡貼花黃。

哮天犬
寬4.0公分
高3.8公分
厚2.9公分

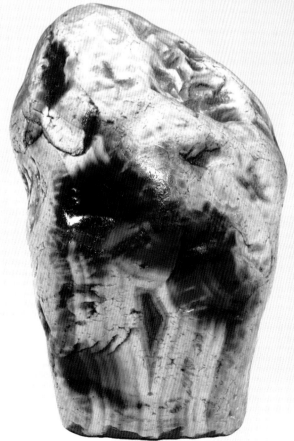

雨打芭蕉
寬5.6公分
高7.8公分
厚4.2公分

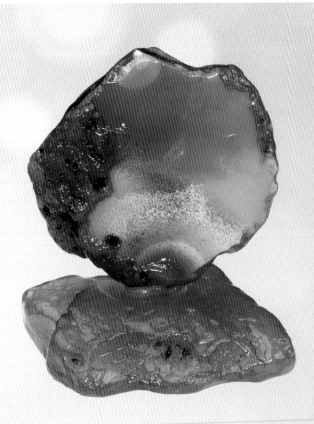

太初至聖
寬5.0公分
高4.6公分
厚4.2公分

雲深不知處
寬4.9公分
高5.7公分
厚4.8公分

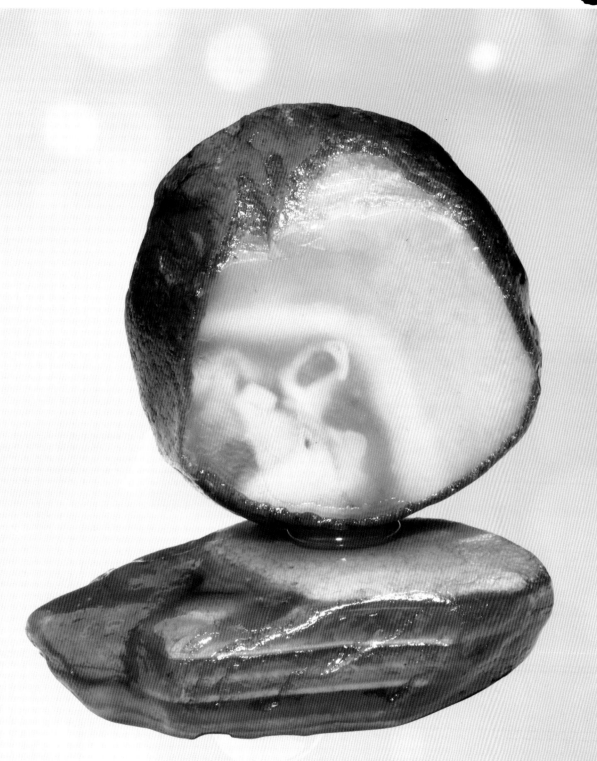

月影

直徑5.2公分，厚1.8公分

對 石

　　對石是非常難得的自然奇珍。石塊經各種原因被打成碎塊。天各一方。千百年後被人得到，「對」了起來，渾然一體，這就是「對石」。好的對石非常難得。新破開的兩塊當然吻合，但那不是對石，而是「剖石」。年代過於遙遠，斷口各自成了球面，無法對起來，也不能叫對石。只有年代適宜，斷口既已研磨圓潤，又能嚴絲合縫，才叫對石。

對石之一

整體：寬6.0公分，高8.0公分，厚6.0公分

分開左：寬4.0公分，高6.0公分，厚6.0公分

右：寬4.0公分，高6.0公分，厚6.0公分

對石之二

整體：直徑7.0公分，高5.0公分

分開左：徑6.0公分，厚2.5公分

右：徑6.0公分，厚2.5公分

雷同石

　　人有孿生，石有雷同，大自然的機緣巧合令人慨嘆！對於一位奇石收藏者而言，這些造型極為相似的瑪瑙，實在是可遇而不可求。

狒狒
左：寬4.1公分，高5.3公分，厚4.3公分
右：寬3.6公分，高4.3公分，厚3.6公分

孿生兄弟
一對：寬4.0公分，高5.0公分，厚4.0公分

比翼鳥

左：寬3.1公分，高4.8公分，厚1.7公分

右：寬3.5公分，高5.4公分，厚3.1公分

在天化作比翼鳥，在地願為鴛鴦石。

神箭

左：寬5.1公分，高2.9公分，厚2.3公分

右：寬5.3公分，高2.4公分，厚2.3公分

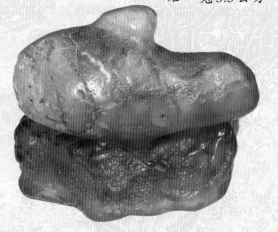

孿生胖子
一對：寬7.0公分
高7.0公分
厚4.0公分

形形色色的帽子

　　帽子自古以來就是人們重要的用品之一。它不僅可以用來保暖，還可顯示主人的身份、情趣、品位和性格。那麼，這些帽子的主人又是誰呢？

紅軍八角帽
寬 10.0公分
高　6.0公分
厚　6.0公分

母子帽
左：寬 3.0公分，高 3.0公分，厚 3.0公分
右：寬 2.8公分，高 2.3公分，厚 3.0公分

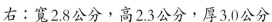

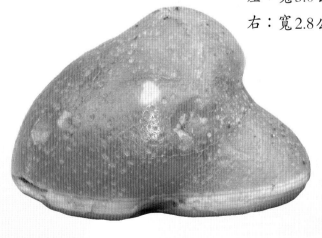

時尚帽子
寬5.7公分
高3.7公分
厚4.5公分

登山帽
寬9.5公分
高5.1公分
厚7.3公分

老式氈帽
寬6.7公分
高3.4公分
厚5.3公分

怪異帽
寬7.4公分
高4.5公分
厚4.0公分

鴨舌帽

寬 6.0公分

高 2.7公分

厚 4.0公分

摩登帽

寬 6.1公分

高 3.5公分

厚 4.1公分

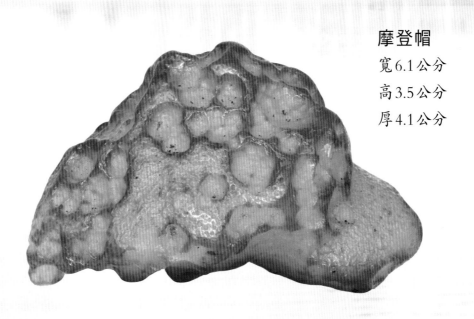

母　愛

遊子吟

唐・孟郊

慈母手中線，遊子身上衣。

臨行密密縫，意恐遲遲歸。

誰言寸草心，報得三春暉。

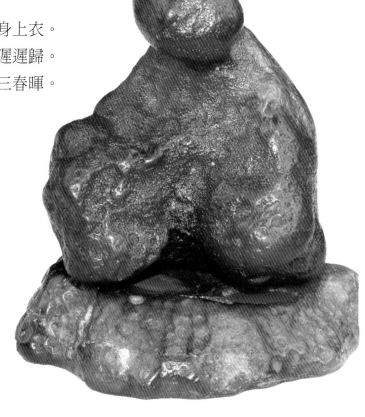

慈母

寬4.8公分

高5.2公分

厚3.8公分

乳房

一對：直徑3.0公分

厚3.0公分

小背簍

寬6.8公分，高8.9公分，厚4.4公分

　　小背簍晃悠悠，笑聲中媽媽把我背下了吊腳樓。頭一回幽幽深山中嘗野果喲，頭一回清清溪水邊洗小手喲，頭一回趕場逛了山裏的大世界，頭一回下到河灘裏我看了賽龍舟。喲啊啊……喲啊啊。童年的歲月難忘媽媽的小背簍。

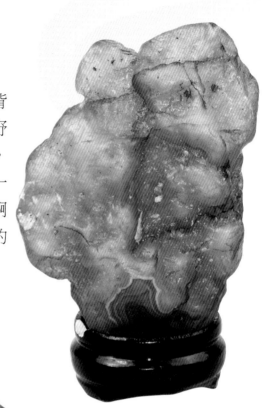

胴體
寬5.0公分
高7.0公分
厚3.0公分

慈母心

尺寸不詳

母子連心

左：寬2.1公分，高2.9公分，厚1.0公分

右：寬5.0公分，高6.3公分，厚3.0公分

五彩繽紛

雞血紅
尺寸不詳

古語云：瑪瑙無紅一世窮。

熱情似火
寬 10.0公分
高 9.5公分
厚 5.0公分

綠瑪瑙

左：寬4.2公分，高5.6公分，厚3.1公分

中：寬4.1公分，高4.4公分，厚2.4公分

右：寬5.1公分，高4.3公分，厚3.4公分

熱情似火

寬 10.0公分

高　9.5公分

厚　5.0公分

靈山仙佛
左：寬3.8公分，高5.9公分，厚3.0公分
右：寬3.6公分，高5.1公分，厚3.2公分

眼鏡蛇
寬5.7公分
高6.6公分
厚4.2公分

天外來石
寬7.6公分，高6.5公分，厚7.1公分

黑如漆
尺寸不詳

恐龍蛋
左：寬5.6公分，高4.8公分，厚5.6公分
右：寬5.4公分，高5.1公分，厚5.4公分

玲瓏心
寬4.2公分
高4.3公分
厚2.9公分

紫葉
寬5.1公分
高7.8公分
厚4.1公分

白如霜
寬 10.0公分
高　8.0公分
厚　5.0公分

晶瑩剔透
左：寬3.0公分，高3.3公分，厚2.8公分
右：寬6.9公分，高6.7公分，厚4.3公分

愛情的故事

左：寬5.2公分，高7.1公分，厚3.9公分

右：寬3.2公分，高3.9公分，厚3.4公分

共生石

生死與共

寬10.0公分，高9.0公分，厚5.0公分

多彩世界

左：寬6.5公分，高7.0公分，厚4.0公分

右：寬5.5公分，高6.0公分，厚4.0公分

天上人間
左：寬5.7公分，高9.0公分，厚2.2公分
右：寬6.1公分，高7.1公分，厚2.1公分

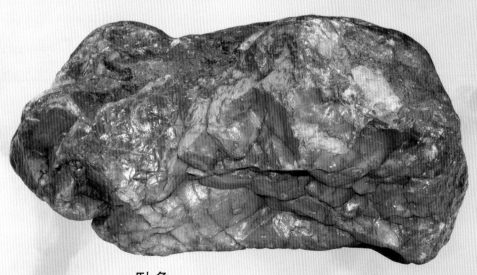

臥象
寬7.6公分，高4.8公分，厚5.1公分

杯形瑪瑙

「一捧雪」瑪瑙杯

寬7.0公分，高5.0公分，厚5.0公分

　　明代著名玉杯「一捧雪」，口徑7.0公分，深2.5公分，杯口琢梅花五瓣，杯外壁琢梅枝梅花。為不讓權臣嚴嵩據有此杯。「一捧雪」的收藏者莫懷古棄官改姓隱居他鄉，「一捧雪」失蹤。不久前面世，它被定為國家二級文物。此奇石呈杯狀，杯口呈花瓣形，內壁光滑如鏡，裏面猶如龍騰鳳舞，質地晶瑩剔透，呈白色。從其造型、大小、顏色諸方面看，與明代「一捧雪」相似之處頗多，故稱此天然瑪瑙杯為「一捧雪」。

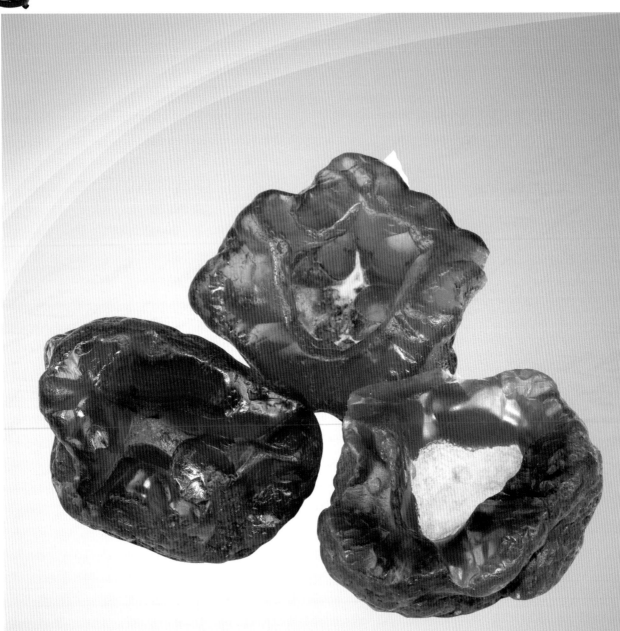

三人行
　　上：寬7.3公分，高6.6公分，厚6.2公分
　　左下：寬7.1公分，高6.3公分，厚5.9公分
　　右下：寬4.5公分，高4.8公分，厚3.5公分

　　舉杯邀明月，對影成三人。

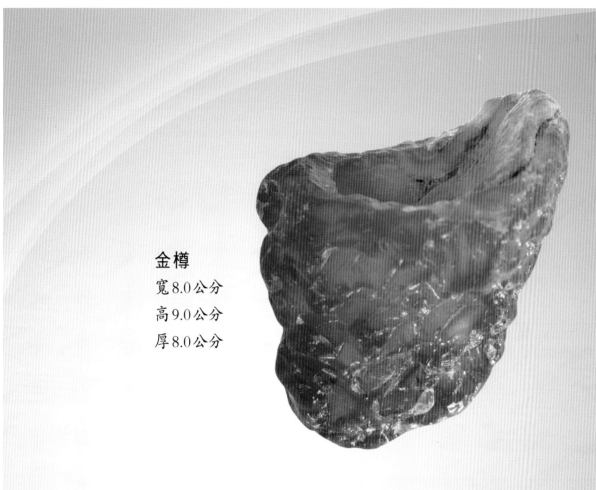

金樽
寬8.0公分
高9.0公分
厚8.0公分

夜光杯
寬8.0公分
高8.0公分
厚8.0公分

抽　象

天問

左：寬 7.0公分，高11.0公分，厚5.0公分
右：寬10.0公分，高 8.2公分，厚6.0公分

　　屈原所作《天問》篇是對天的質問。全篇由170個問題組成，包括自然現象、神話傳說、歷史人物等方面，反映出作者深刻的探索精神。

　　此組奇石質地細膩、剔透、色俏。石頂端造型似「口」沖天，構成了人在向天發問的抽象藝術佳作。欣賞此奇石，能夠激勵人們學習屈原的赤誠愛國情操和深刻探索精神。人生易老天難老。讓我們以堅定的信念，為中華民族的振興探索不息、奮鬥不止，在短暫的人生中寫下不朽詩篇。

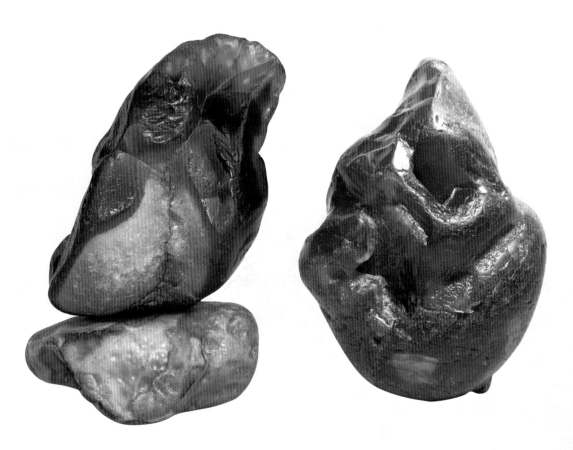

煙雨濛濛
寬 3.7公分
高 4.4公分
厚 3.6公分

靜夜思
寬 5.3公分
高 6.8公分
厚 4.5公分

玉樹瓊枝
寬 4.4公分
高 6.4公分
厚 2.5公分

水膽瑪瑙與空心瑪瑙

水膽瑪瑙
尺寸不詳

空心瑪瑙
寬3.6公分，高6.3公分，厚2.6公分

天然透瑪瑙
寬5.9公分，高3.7公分，厚1.1公分

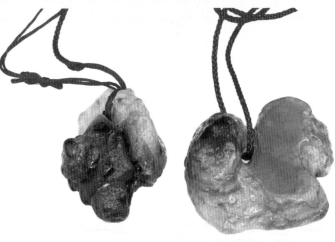

文字石

回
寬6.5公分，高8.0公分，厚4.4公分

　　此嫩江瑪瑙在石的平面上天然自成一個白色的「回」字。它質地細膩，色澤柔美，紋理分明，字體端莊，筆畫勻稱，剛勁有力。與常用字字帖及古代書法家墨寶「回」字既有相似之處，又顯獨特，令人拍案叫絕。

「八一」
左：寬4.2公分，高4.6公分，厚4.3公分
右：寬5.0公分，高5.0公分，厚5.4公分

問號

左：寬7.2公分，高4.4公分，厚3.2公分

右：寬4.5公分，高6.2公分，厚2.2公分

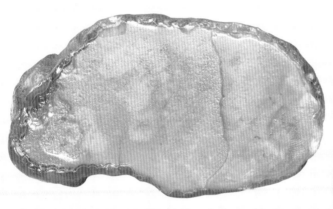

「發」石

寬3.8公分，高2.7公分，厚2.6公分

在中國傳統文化中，「8」諧音「發」，是一個吉祥的數字。

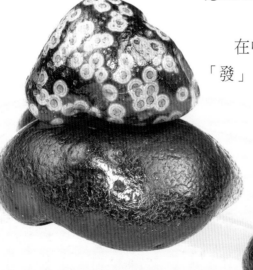

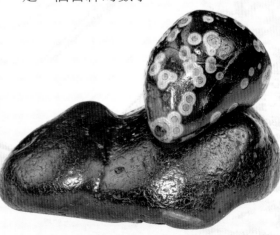

山品
寬3.3公分
高6.3公分
厚2.9公分

訴衷腸
左：寬4.8公分，高5.9公分，厚3.1公分
右：寬5.6公分，高6.6公分，厚2.8公分

兩塊奇石上都有一個「口」字，好像在相互傾訴心語。

筆架
寬10.0公分，高7.4公分，厚5.8公分

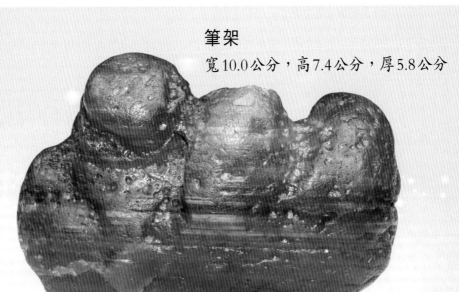

甲骨文
寬3.3公分
高3.1公分
厚2.9公分

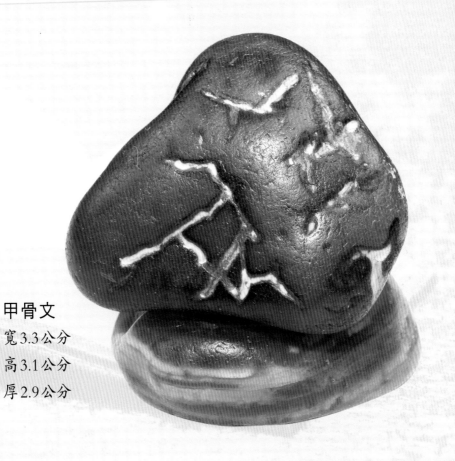

圖案石

神鳥

寬6.0公分，高9.0公分，厚4.0公分

　　古代把古雀、鳳凰、青鳥、大
鵬、孔雀等皆稱為神鳥。此石圖形
與唐代神鳥銅鏡上的神鳥圖案相
似，故稱神鳥。

狐仙

左：寬5.0公分，高8.0公分，厚5.0公分

右：寬6.1公分，高8.4公分，厚4.6公分

老子講道
寬8.0公分
高8.0公分
厚6.2公分

雪山之巔
寬3.9公分，高6.9公分，厚3.9公分

夢幻
寬 4.3 公分
高 5.8 公分
厚 4.6 公分

金髮女郎
寬 3.2 公分
高 3.8 公分
厚 2.0 公分

玉鼠
寬8.2公分
高7.3公分
厚4.4公分

流水潺潺
尺寸不詳

金屋藏貓

寬5.3公分，高4.7公分，厚5.1公分

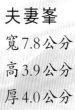

夫妻峯

寬7.8公分

高3.9公分

厚4.0公分

背景
寬4.9公分
高6.1公分
厚4.1公分

萬水千山
左：寬5.6公分，高6.8公分，厚4.1公分
右：寬3.5公分，高6.7公分，厚1.7公分

娃娃

寬5.6公分

高7.7公分

厚5.3公分

面壁

寬5.6公分，高7.5公分，厚3.2公分

有禪有淨土，猶如戴角虎。

現世為人師，將來作佛祖。

無禪有淨土，萬修萬人去。

但得見彌陀，何愁不開悟。

有禪無淨土，十人九蹉路。

陰境若現前，瞥爾隨他去。

無禪無淨土，鐵床併銅柱。

萬劫與千生，沒個人依怙。

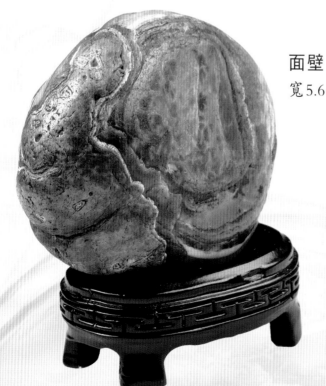

斑馬紋

左：寬3.7公分，高4.2公分，厚3.6公分

中：寬3.1公分，高4.4公分，厚3.1公分

右：寬3.5公分，高4.1公分，厚3.4公分

撥星弄月

寬6.3公分

高4.9公分

厚4.8公分

一池河馬
寬7.3公分
高5.7公分
厚3.0公分

白雲山頭雲欲立
寬7.0公分，高12.0公分，厚5.0公分

松下問童子，言師採藥去。
只在此山中，雲深不知處。

鏡中乾坤

鏡的外形有方、圓、多角、花邊之別。

鏡可鑑、正衣冠。

鏡可照世間萬物，賞鏡樂趣妙不可言。

不規則鏡

寬7.3公分

高6.2公分

厚2.3公分

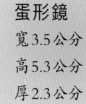

蛋形鏡

寬3.5公分

高5.3公分

厚2.3公分

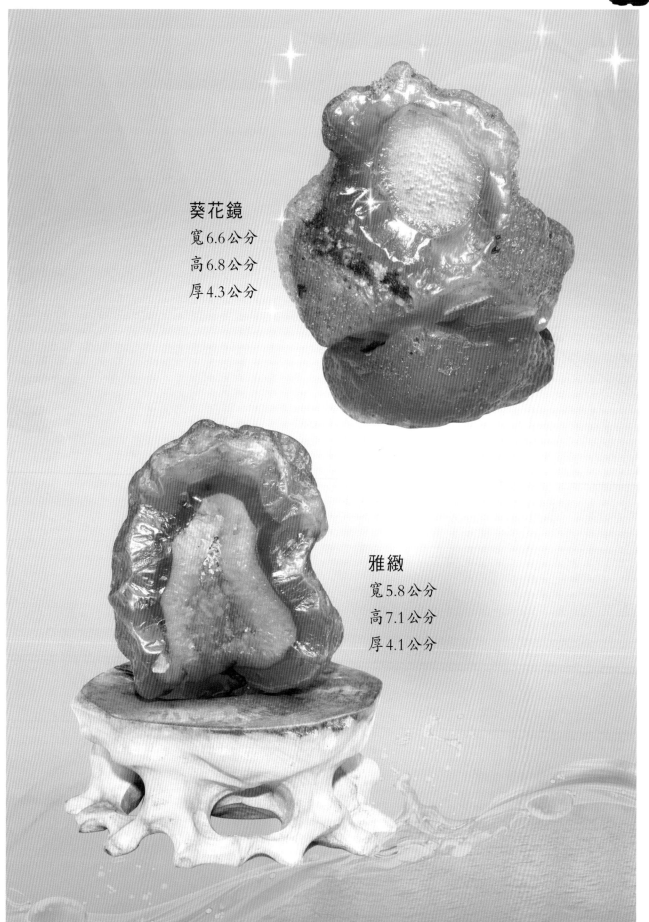

葵花鏡

寬6.6公分

高6.8公分

厚4.3公分

雅緻

寬5.8公分

高7.1公分

厚4.1公分

對鏡
左：寬6.4公分，高5.9公分，厚2.8公分
右：尺寸不詳

遐思
寬6.4公分
高7.5公分
厚3.8公分

雅緻
寬5.8公分
高7.1公分
厚4.1公分

奇妙組合

少數民族男女
一對：寬5.2公分
　　　高7.0公分
　　　厚4.0公分

頑童
寬5.7公分
高7.3公分
厚5.3公分

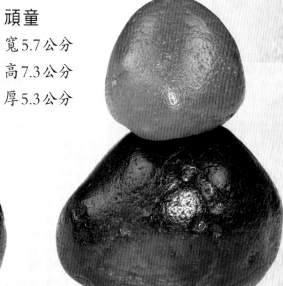

春夏秋冬

夏日仙桃

寬6.2公分，高7.1公分，厚6.2公分

春蠶破繭

寬7.2公分，高6.6公分，厚5.0公分

秋實累累

尺寸不詳

冬梅傲雪

寬5.1公分，高4.3公分，厚1.5公分

靜夜思

床前明月光，
疑似地上霜。
舉頭望明月，
低頭思故鄉。

床前明月光
直徑6.2公分

疑是地上霜
寬6.8公分
高5.0公分
厚3.6公分

舉頭望明月
寬 5.9 公分
高 6.3 公分
厚 5.0 公分

低頭思故鄉
寬 6.9 公分
高 5.8 公分
厚 5.1 公分

天淨沙·秋思

枯藤老樹昏鴉，

小橋流水人家，

古道西風瘦馬，

夕陽西下，

斷腸人在天涯。

馬致遠的這首小令名作《天淨沙·秋思》被稱為「秋思之祖」。作品內容本身，簡簡單單，普普通通，敘述羈旅漂泊人，時逢黃昏，感應突襲。感而發，發而思，思而悲，悲而泣，泣而痛。

這首小令名作意深，含蓄無限，玩味無窮；調高，心馳物外，意溢於境。是境，是景，水乳交融，情景映襯；是意，是情，相輔相成，相濟相生。怪不得王國維在《人間詞話》曰：「文章之妙，亦一言蔽之，有境界而已。精品，不可不讀：美文，不可不品。一曲《秋思》，心中隱隱作痛，悲淚欲出。」

枯藤老樹昏鴉

寬6.2公分

高5.6公分

厚4.8公分

小橋流水人家

尺寸不詳

古道西風瘦馬

寬6.1公分

高5.4公分

厚4.6公分

夕陽西下
寬 4.8 公分
高 4.6 公分
厚 4.1 公分

斷腸人在天涯
寬 4.2 公分
高 4.8 公分
厚 4.0 公分

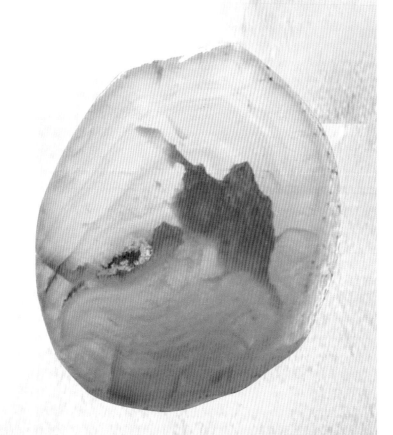

老鄉見老鄉

尺寸不詳

黃河之水天上來
寬 8.0 公分
高 6.5 公分
厚 3.3 公分

摩崖仙芝
尺寸不詳

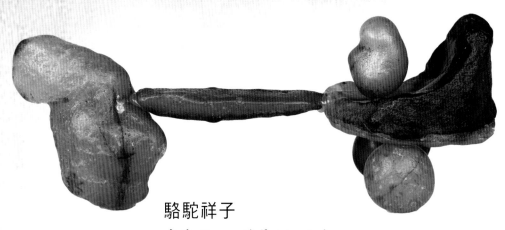

駱駝祥子

高度不一，總長15.7公分

重拳出擊

寬2.4公分

高3.3公分

厚1.7公分

大紅鷹

寬4.8公分

高5.2公分

厚2.8公分

草鞋足跡

　　草鞋被稱為「紅軍鞋」，它曾伴隨紅軍戰士走過了長征中的千難萬險，走出了中華民族不屈不撓、艱苦奮鬥的優良品質，走出了中華民族的希望與未來。「草鞋精神」以及中華民族特有的那些高貴品質，正是我們國家發展、壯大所需要的，也是中華民族的繁榮、富強不可缺少的。

　　我們回望經歷的一切，追尋歷史足跡，感悟現實生活。「民族精神代代傳」，讓我們以飽滿的熱情和執著的精神向著更高、更遠的目標邁進！

高腰草鞋
左：寬3.6公分，高3.1公分，厚2.1公分
右：寬3.5公分，高2.7公分，厚2.6公分

童鞋
寬4.5公分
高3.3公分
厚3.9公分

魚籽瑪瑙

鳥
寬6.8公分
高5.0公分
厚3.9公分

荔枝
寬4.9公分
高5.4公分
厚2.8公分

蛙
寬4.9公分
高4.2公分
厚2.8公分

珍珠石

寬4.1公分

高3.7公分

厚3.6公分

夢鄉

左：寬6.7公分，高5.2公分，厚5.4公分

右：寬4.3公分，高3.7公分，厚3.6公分

珠 蚌

五彩珍珠
尺寸不詳

珠蚌
寬8.7公分，高4.9公分，厚4.1公分

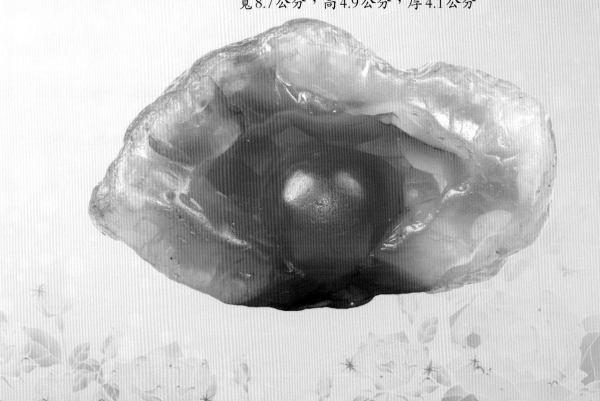

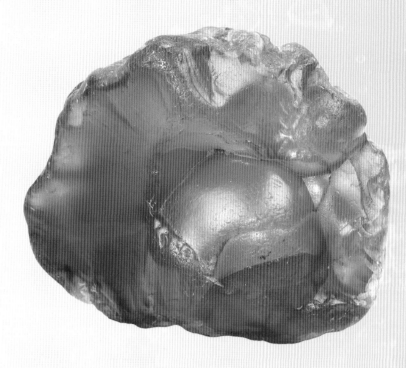

秀在其中
寬 5.7 公分
高 5.2 公分
厚 2.9 公分

時光隧道
寬 5.6 公分
高 7.2 公分
厚 5.0 公分

卡 通

大花臉
寬 6.0公分
高 6.5公分
厚 3.6公分

小狗熊開汽車
寬 5.5公分
高 3.3公分
厚 5.0公分

哺

左：寬2.3公分，高1.4公分，厚0.8公分

右：寬3.1公分，高4.4公分，厚2.4公分

大嘴怪

寬6.4公分

高6.3公分

厚4.9公分

無限風光

桂林山水
寬 3.8 公分
高 4.8 公分
厚 2.0 公分

江山如此多嬌
寬 3.3 公分
高 5.4 公分
厚 3.5 公分

人間仙境
寬4.9公分
高8.8公分
厚3.6公分

天之井
尺寸不詳

絲綢之路
寬5.9公分
高6.2公分
厚3.7公分

拇指山
寬5.4公分
高5.2公分
厚1.9公分

雲霞
寬8.2公分
高5.7公分
厚4.6公分

奇境
寬5.2公分，高3.8公分，厚3.0公分

無極
寬5.2公分
高7.9公分
厚3.0公分

彩霞滿天
寬4.9公分
高6.5公分
厚2.7公分

雙峰聳立
寬 4.3公分
高 4.1公分
厚 3.8公分

紅紅火火
寬 6.2公分
高 6.9公分
厚 4.9公分

夕陽紅

寬 6.6 公分

高 4.8 公分

厚 2.0 公分

荷塘月色

直徑 4.7 公分，厚 1.5 公分

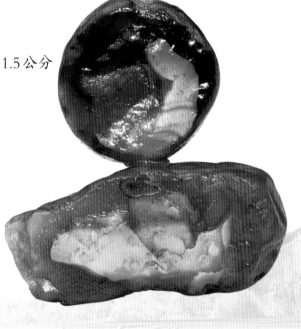

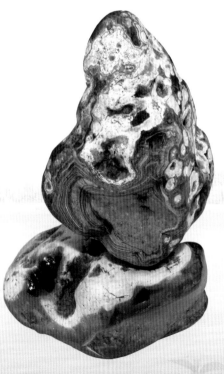

賀蘭雪霽

寬 9.9 公分

高 6.2 公分

厚 3.9 公分

火鶴峰

左：寬3.7公分，高3.9公分，厚2.8公分

右：寬5.6公分，高6.3公分，厚1.7公分

蛙聲十里

左：寬4.7公分，高6.5公分，厚2.4公分

右：寬3.1公分，高3.9公分，厚2.6公分

記憶

　左：寬6.9公分，高7.1公分，厚2.4公分

左下：寬5.4公分，高5.8公分，厚4.2公分

右下：寬3.6公分，高3.4公分，厚2.7公分

鶴鄉情思

尺寸不詳

瑪瑙搜集收藏常識

瑪瑙的傳說

瑪瑙是人類最早發現和利用的寶玉石材料之一，自古以來它就被視為美麗、幸福、吉祥和富貴的象徵，深受世界各國人民的喜愛。

中國歷史上有「千種瑪瑙萬種玉」之說。瑪瑙有同心狀、層狀、波紋狀、斑紋狀等花紋，有油脂光澤、玻璃光澤等。而且因瑪瑙含有不同色素離子，瑪瑙還會呈現紅、藍、綠、蔥綠、黃褐、褐、紫、灰、黑等顏色，五彩繽紛。

傳說黃帝時期的瑪瑙甕和周天子時用來象徵身份與品德的玉組佩上就有瑪瑙的身影。

據西漢劉歆《西京雜記》記載，漢武帝劉徹時，身毒（今印度）向大漢帝國進貢，貢品為連環羈，上面裝飾了瑪瑙等物。這種使用瑪瑙裝飾的連環羈當時還在長安城內引領了一股「賽鞍」風潮。

在我國，人們相信紅瑪瑙能夠帶來財富，是被使用得最普遍的玉石。首飾匠人用紅瑪瑙雕製出蝴蝶、蜻蜓、花朵的形狀，或者和白色、雜色玉石一起，運用傳統的細金工技法鑲製成頭簪、手鐲、耳環、紐扣、帽扣、針筒、長命鎖等各種各樣的裝飾品。清代以前，我國的瑪瑙自然產出量不大，一直是一種價值不菲的寶石，有著較高的社會地位，且蒙著一層神秘的面紗。瑪瑙工藝品也是最受中原地區歡迎的外來貢物之一，長期被奉為珍品。

在古代埃及，人們用紅瑪瑙雕製成聖甲蟲的形狀作為護身符，陵墓中出土的珠寶首飾中，紅色瑪瑙、青金石、綠松石和黃金一起，是古埃及法老和貴族們要帶入另一個世界的珍寶。在古代巴比倫，只有貴族和富商才能用瑪瑙製作滾動印章，平民只能用石頭或是泥土來製作自己的滾動印章。皇室的隨葬品中，紅瑪瑙和黃金一樣，被製作成精美的首飾。

在西方，人們用瑪瑙製作圖章、念珠、胸針，他們認為，瑪瑙可以為佩戴者增添勇氣，消除失眠，為人們帶來好運。他們相信，凝視瑪瑙，可以舒緩眼睛的壓力；佩戴瑪瑙，可以得到上帝的保佑。很多水手佩戴瑪瑙，以期避免海上的危險，也令自己更有勇氣。18世紀中葉是瑪瑙護身符十分流行的時期。紅色的條紋瑪瑙象徵著聖人的謙虛和隱修者的美德。

傳說愛和美的女神阿佛洛狄，躺在樹蔭下熟睡時，她的兒子愛神厄洛斯，偷偷地把她閃閃發光的指甲剪下來，並歡天喜地地拿著指甲飛上了天空。飛到空中的厄洛斯，一不小心把指甲弄掉了，而掉落到地上的指甲變成了石頭，這就是瑪瑙。因此有人認為擁有瑪瑙，可以強化愛情，加深自己與愛人之間的感情。

　　瑪瑙的用途非常廣泛，它可以作為藥用。中醫界認為，瑪瑙味辛寒無毒，對於眼科目生障翳者，用瑪瑙研末點之，療效很好。由於瑪瑙中含有鐵、鋅、鎳、鉻、鈷、錳等多種微量元素，所以，長期食用有益健康。夏天佩戴瑪瑙項鏈和手鐲，不但清純美麗，而且涼爽宜人。

　　傳說，瑪瑙自古以來一直被當作避邪物和護身符使用，象徵友善、愛心和希望，且有助於消除壓力、疲勞、濁氣等負性能量。將適量的瑪瑙放置於枕頭下，有助於安穩睡眠，並帶來好夢。

　　瑪瑙還是製作首飾、工藝品、研磨工具、儀錶軸承的材料。

瑪瑙石的搜集

　　獲得瑪瑙石的途徑，除了民間流傳、購買、交換外，還可自行採集。採石是一項時尚而有意義的運動。

　　外出採集瑪瑙石時，需帶上鐵爪鉤、鐵鍬、杆棒、繩子、鐵鏟等挖掘類的器械，還有水壺、雨具、遮陽傘、食品、飲料及必要的藥品。最好結伴同行，以防發生挖掘時山體塌陷、野獸出沒或河灘上流開閘放水的意外事件。

山石的採集

　　採集山石類石，首先應瞭解石脈走向、範圍、路線。在新滑坡處更易找到山石，因為自然力已為我們扒開了覆土層。採集山石應主要採用挖掘的方法，以保存原石的完整性。有的石種，非鋼鋸、斧鑿不能採取，也應抱著謹慎觀察的態度。採集前要注意是否違反當地政府有關水土保持的禁令，採集的部位、角度要明確，大而無當反不如小而精巧。

江河石的採集

　　河流不同地段的石頭的造型差異很大。上游石表面過於粗糙，而中游石較為柔和，石肌紋理顯現得也比較理想，是江河石採集的最佳地段。下游石圓潤、紋理清晰，卵石佳品也有不少。大部分江河石採自於河灘江邊，亮灘時是最佳採集時節。有的地方在暴雨後反能覓得奇石，這是因為暴雨使得河石鬆動翻滾，被沖向岸邊，露出真容。

瑪瑙石的清洗

瑪瑙石是經過大自然千百萬年的鬼斧神工才「創造」出來的，妙造天然，這是它最重要的特色和屬性之一。因此，瑪瑙石清洗的第一要訣就是要珍惜和保護它的這一特色和屬性。瑪瑙石清洗有很大的學問，如果清洗不當，石質受到損壞，那麼它的價值也就會受到損害。

瑪瑙清洗的一般方法：

1.山石的清洗，常採用雕鑿、刮削、銼磨、砂刷等方法。

2.江河石的清洗相對簡單，一般只需用清水浸泡數小時，再用棕刷或絲瓜筋將其青苔、水垢刷洗掉即可。如摻雜有海藻、貝類等附著物，可使用稀釋度為1：5的冰醋酸浸泡，半天至一天後，即行脫落，然後再反覆用清水沖刷漂洗，直到滿意為止。

3.石面上附著物一時難以剔除的，就將其置於露天，日曬雨淋，風吹露浸，時間一久，它也會風化。有時先曝曬一星期左右，使其山泥乾硬，然後浸入水中，山泥會自然成塊剝落，再用清水沖刷。再經人工稍加剔除後，就會顯示出其返璞歸真的自然造型。

4.水洗。用清水沖洗。

瑪瑙石的養護

手養

行話說：養石即養心。手養是養石最好的方法。常常撫摸石頭，手上的油脂透過體溫傳遞到石頭上，石質會越來越溫潤。手養是針對手玩件，經過長期的把玩，石頭吸收由人體毛孔排出的油脂，會變得光潤可人。

水養

水養是最常見最易行的方法。可噴灑、浸潤，但時間不要過長，一般兩三天後就應取出晾乾存放。水養中還有一種茶養的方式。每天喝茶的時候，用泡茶水養護奇石，效果也非常不錯。若能匠心經營，久而久之，茶水滲入石膚之內，逐漸形成包漿，使其古拙凝重，氣色截然不同，亦為奇品。茶養適合顏色較深或者刻意想要加深顏色的石頭。

油養

油養可以保持石之光澤，避免石膚氣化、風化。硬度較高的石頭適合油

養。油養之前，須將石頭清洗乾淨，晾乾，然後用柔軟的絨布蘸上油蠟輕輕擦拭，塗抹均勻後置於一旁，讓石頭慢慢吸收。有些石頭比較「吃油」，可等油乾後再塗一遍。

但每天上油的次數不宜過多，以免影響石質。使用的保養油有嬰兒護膚油、茶油、橄欖油等。此外凡士林的效果也比較理想。

雖然這類物質在短時期內可以使石頭的質地、色感更為突出，但油脂會堵塞石頭的毛細孔，妨礙石頭的呼吸，即妨礙它吸收空氣中的養料，使石頭顯得老氣。而且，上油後的奇石之光澤，有一種造作感，過重的油膩還容易產生返潮現象，致使石頭的表面變得一片灰白，輕則使色澤發生變化，重則遮掩了石頭的本來面目。總的看來，油養是得不償失，不值得提倡的。

石傷養護

可先對其進行打磨、修整，再將原石放置於露天石架上。石架最好不用鋼鐵塑料製品，以水泥製品為好。原石在石架上經受日曬雨淋，養護者定時澆水，時間一長，石膚自然風化、自然變色。直到整塊供石在質感、色感方面完全調和，再遷入室內觀賞。

養護瑪瑙石，還要注意不要碰撞硬物或是掉落；要避免陽光直射或過冷過熱，要避開熱源，如陽光、爐灶等，防止因熱脹冷縮而損壞；儘量避免與香水、化學試劑等物品接觸，避免因腐蝕而影響其鮮豔度和光亮度；盡可能避免油污和灰塵。對灰塵可用柔軟的毛刷清潔，擦拭時要用柔軟的白布，避免劃傷。對附著在表面的油漬污垢等，可用溫淡的肥皂水刷洗，再用清水沖淨；帶狀瑪瑙存放的空間要保持適當的濕度，特別是在比較乾燥的冬季更應保持空氣的濕潤。

瑪瑙石的陳列

几案：几案陳列的一般是50～100公分的中形觀賞石，一石一几，尊貴氣派，效果最佳。

博古架：一般指凌空的幾架，有扇形、圓形、方形、葫蘆形、花瓶形等等，可陳列數量更多的觀賞石。博古架一般陳列20～30公分較小的觀賞石。

陳列櫃：陳列櫃一般指有玻璃門的用於陳列擺放工藝品的櫥櫃。主要用於陳列擺放精品觀賞石，適合家庭、辦公室陳列擺放。

書桌：手玩石、鎮紙石等擺放於書桌，可以經常把玩，非常親近，對觀賞石的包漿養護也很有好處。

瑪瑙石的配座

設計配座要堅持賞石的整體性原則。賞石的整體性包括奇石（形、質、色、紋等）、配座和命題，只有三者相結合，才能產生賞石的韻味和意境。所以說，底座的重要性不容置疑。底座可以提升觀賞石的經濟價值，可以引導欣賞角度、體現觀賞石的個性和流派，可以為觀賞石成為藝術品構架通行的橋樑。特別在小品組合中，底座對主題、意境的烘托和渲染更是起到了十分微妙的作用。總而言之，配座有突出正面、烘襯主題、平衡重心、協調色調、掩憾藏拙等作用。

設計配座一定要樹立「合適」的觀點。要保證觀賞石作品的整體水準，配座就必須要「合適」。在配座時應該明白，並非是用底座去替代觀賞石本身的天然之美，而是用審美觀點、用合適的配座去張揚觀賞石之美。

觀賞石配座的最高境界是讓人在感受大自然鬼斧神工魅力的同時也感受人文藝術之美。因此在配座創作過程中，必須要追求「超脫世俗、天人合一」的境界。在底座創作方面，「合適」是最重要的，設計配座必須遵循「順其自然、巧奪天工」的原則。

底座設計是一種藝術創作，必須為主題服務，細節決定成敗，嚴謹成就經典。底座創作必須借鑑和融會其它藝術精華，從而使觀賞石擁有更大的表現舞臺，形成濃郁的文化氣息。好的配座不但能最大程度地展現奇石的自然魅力，同時也能使玩石、賞石這門藝術獲得廣泛的認同，這是一個「天人合一」的過程。

設計配座忌「過度包裝」和「喧賓奪主」。如果一定要用一個簡單的量化來說明「過度包裝」這個問題，可以這樣理解：如果一枚奇石在成為一件觀賞石作品的過程中不能做到「一加一大於二」，或者給觀賞者以「買石還不如買配座」的感覺，那麼這個配座就有可能是「過度包裝」或「喧賓奪主」了；當一件觀賞石作品呈現在大家面前，而它的底座配置與奇石相加的效果遠遠大於「一加一等於二」時，就可以確定為觀賞石配座的整體設計成功。

瑪瑙石的命題

種類命名

對瑪瑙石種類的命名大致分為四種：一是根據產地命名；二是根據石形命名；三是根據石之圖案紋理命名；四是根據石之色彩、質地命名。

作品命題

賞石藝術是一種發現和創造。觀賞石命題的作用與意義在於點化主題、表達情意、啟迪思維、拓寬境界、昇華神韻、加深印象。一個好名字對於觀賞石能起到畫龍點睛的作用，寥寥幾個字甚至一兩個字就可以使石頭的意蘊美顯現出來，擴大和延伸觀賞石本身所能夠達到的意境美、神韻美、韻律美、紋理美、色澤美，提升觀賞石的思想性和藝術性。

命題總的原則是：要含蓄、忌直白、勿粗俗，強調文學性、藝術性。得畫意、講意境、求內涵，留給人以遐想馳騁的空間。

命題大致類型：

1. 像什麼，就叫什麼。人物、動物、植物、山形象形石等，都採用象形題名的方法。這種題名簡單明瞭，是最簡單的一種題名方法。如「極品石」、「雛雞出殼」、「阿詩瑪」、「中國地圖石」就十分醒目，非常貼切。

2. 借詩或成語命名。各種石均可用的一種命題方法，即借助名詩佳句來題名。如「獨釣寒江雪」、「飛流直下三千尺，疑是銀河落九天」、「龜蛇鎖大江」等等，這種方法能突出詩意畫境，抒發情懷。

3. 透過聯想、比喻進行題名。這種命名比較含蓄。想一想文學、雕塑等藝術作品中有沒有它的影子。如果有，拿來用，不僅使石頭有了名字，而且巧妙地將文學家、藝術家嘔心瀝血創造的意境「移情」到你的石頭上了。

4. 禪意命名。各種石均可用的一種命題方法，是用真趣永長、靜觀默對的方法給石命名。如「淨境超塵」、「梵音襲人」、「超然物外」、「空山有音」等等。禪意石命名最好與禪有關。

奇石命名切忌平庸、牽強、低俗無味。命題宜一目了然、名副其實。表達主題的形式完全可以多種多樣、不拘一格。作品與命題兩者應吻合無間。做到了這點，就體現了作者對命題的嚴肅認真和對欣賞者負責的態度。

好的命題是一把火炬，照亮賞石者進入奇石所賦涵的奧秘殿堂，讓賞石者隨著「命題」指引的道路，去觀賞、去揣摩，進行賞石再創作，並展開想像的翅膀，在奇石韻境裏任意翱翔，從中得到無盡的美的享受、陶醉和感悟。

瑪瑙石的辨偽

奇石的收藏非常講究「天然」。因此，仿造者主要透過改變石頭的形狀和顏色來以假亂真。

在收藏奇石的時候，主要辨偽方法是「二看」：

一要看「皮」。如果「皮」受到了損壞，甚至完全沒有了，那可以毫無疑問地說，這塊石頭上至少有人工的痕跡。

二要看顏色。有些人會用有色染料浸泡、高溫增色和酸洗退色等手段來作偽。鑑別的方法也簡單，用沸水沖刷、浸泡就可發現其色澤發生變化。

偽石的製作，一是用手工工具，對肥厚的觀賞石進行「瘦身減肥」，進行透、漏的加工，但這樣一來，石的表面往往會留下較明顯、有規律的加工痕跡；二是用機械工具進行加工，石頭上也不可避免地留下機械加工的弧形痕跡；三是透過填充、鑲嵌、挫修整理，使加工的偽石更加自然，但填充物與原石的縫隙連接處會留下粘連的規則痕跡；四是透過刀刻、噴沙、拋磨等工藝，使其加工石頭的觀賞性突現；五是用酸沖刷、浸泡，洗刷人工的製作痕跡，但是用酸洗泡後的石頭表面原始風化層幾乎喪失，石頭的內孔或外表往往會形成一層特有的酸洗膜；六是用模壓加工的方法，把製作的圖案粘貼到主體石頭上，經模壓成型後再加工，不仔細鑑別很容易造成誤藏，但只要用火烘烤，就會發現問題；七是用有色染料浸泡、高溫增色和酸洗退色等做法，只要用沸水沖刷、浸泡就可發現其色澤發生變化；八是用聚脂、染料、高濃度膠水等混合物對石頭表面或有缺陷的位置進行注膠處理，為偽石增色、改形，鑑識此類觀賞石除用火烤測試外，還可以用刀刮、針挖等方法。

瑪瑙石遍天下

世界上瑪瑙著名產地有印度、巴西、美國、埃及、澳洲、墨西哥等國。我國瑪瑙產地分佈也很廣泛，幾乎各省都有，著名產地有黑龍江、遼寧、河北、新疆、寧夏、內蒙古等地。

現將瑪瑙主要產地介紹如下：

黑龍江遜克瑪瑙

遜克瑪瑙石，產於黑龍江遜克縣寶山鄉。遜克縣位於黑龍江省北部邊疆，小興安嶺中段北麓，黑龍江中游右岸，有14公里的國境線，與俄羅斯阿穆爾州米哈伊洛夫區隔江相望。遜克瑪瑙石產於第三系孫吳組鬆散砂礫層中，主要分佈於遜克縣阿延河流域。遜克因瑪瑙石的產量豐富、品位上乘而得名，有「瑪瑙故鄉」之稱。

該石質地堅硬，摩氏硬度約為7。色彩絢麗溫潤，俏色豐富，晶瑩剔透，富貴華麗，造型精巧，渾然天成，極具觀賞價值和收藏價值。顏色有粉紅、紅、深紅、杏黃、淺綠等。透明度好，塊度大。瑪瑙石毛石的棱角線和

不規則的凸起部分過度圓滑，石上平面部分，亦有當年裸露在地表上風蝕雨浸後留下的斑斑坑窪。尤以當地10公尺以下深土層中挖掘出的色質最佳。1978年曾採過32.4公斤的水膽瑪瑙。

遜克縣寶山鄉境內瑪瑙石儲藏量豐富。現有面積為1352公頃的縣級瑪瑙石自然保護區，儲量為122.034萬噸。目前已開發的產品品種有天然自成的瑪瑙觀賞石及瑪瑙工藝品、旅遊紀念品、半裝飾品、人物花卉、動物肖像、文化娛樂品等，產品多次在省、部、國家獲獎。生產的瑪瑙產品遠銷日本、韓國、東南亞及俄羅斯等地。

內蒙古葡萄瑪瑙

產於內蒙古阿拉善盟蘇宏圖以北20公里處火山口附近，是20世紀80年代阿拉善石友發現的新石種。該石堅硬如玉，摩氏硬度為6.5至7，晶瑩剔透，色彩絢麗，呈淺紅至深紫等色，半透明，造型奇特。石上通體滿布色彩斑斕、大小不一、渾然天成的珠狀瑪瑙小球，互相堆積，流珠掛玉，猶如串串葡萄，故名。有的石上偶有似魚眼睛一樣的瑪瑙珠。

其成因主要是火山噴發的時候，岩漿的黏度比較大，漿液裏面的氣泡很多，往上滾的時候，會形成一個圓的張裂表面，當結在一塊時，又沒有弄破，最後形成一個空洞。這個空洞形成之後，經過二氧化矽的充填，最後聚成葡萄狀瑪瑙。

遼寧阜新瑪瑙

產於遼寧省阜新市阜新縣、彰武縣。原生礦主要分佈在阜新縣的老河土、十家子、蒼土、泡子、清河門、七家子和彰武縣的五峰、葦子溝等地，其中老河土鄉和十家子鄉的儲量尤多。

阜新原生瑪瑙礦產於侏羅系上統義縣組安山凝灰岩及建昌組火山熔岩、火山碎屑岩中，屬火山熱液充填型礦床。摩氏硬度為6.9～7.1，比重為2.6～2.7，折光率為1.54左右，斷口呈貝殼狀，具有玻璃光澤。顏色以白、灰白、紅、藍為主，紫、綠少量。塊度一般為1.5至5.5公分，大者體積為20公分×25公分×40公分，最大直徑可達0.8至1公尺。

該石質地細膩，色澤光豔繽紛，紋理瑰麗，晶瑩剔透，天然麗質，是藝術雕刻之佳材。阜新是中國瑪瑙主要產地，其瑪瑙石的開採利用已有8000年歷史，歷經遼代、清代兩個繁榮時期。

吉林柏子瑪瑙

產於吉林省四平市、長春市農安縣等地。

《雲林石譜》：「黃龍府山中產柏子瑪瑙石，色瑩白，上生柏枝，或黃或黑，甚光潤。頃年白蒙享奉使北虜，虜主遺以一石，大若桃，上有鴝鵒如豆許，棲柏枝上，頗奇怪。又有一種，中多空，不瑩徹，予獲一塊，如棗大，如貯藥數百粒。」

〔註〕：黃龍府，現吉林省長春市農安縣。

江蘇寶積山瑪瑙

產於江蘇省淮安市盱眙縣寶積山。該石近似雨花石。《雲林石譜》瑪瑙石：「泗州盱眙縣寶積山與招信縣皆產瑪瑙石，紋理奇怪。宣和間，招信縣令獲一石於村民，大如升，其質甚白，既磨礱，中有黃龍作蜿蜒曲屈之狀，歸置內府。」

〔註〕：泗州盱眙縣，今江蘇盱眙縣。

山東土瑪瑙

產於山東省臨沂市莒南縣、沂水縣、費縣、臨沂及日照市莒縣等地。該石質地不佳，半透明，多呈灰、白、紅三色，石上有苔紋和胡桃紋理，花紋如瑪瑙紅，多而細潤者佳。《聊齋雜記・石譜》沂州土瑪瑙：「紅多，細潤，不搭粗石者佳；胡桃花者佳；大雲頭及纏絲者次之；紅、白粗花者又次之。可鋸板，嵌桌面、床屏。」

河南省伊河流域白瑪瑙

產於河南省洛陽市伊河流域。白瑪瑙質地堅硬，玉潤晶瑩，半透明，顏色有白色、乳白色、灰白色或無色等。石中紋理如山似峰、如人似獸，耐人尋味。

湖北瑪瑙

也稱三峽雨花石，主要產於湖北省宜昌地區流經宜昌、當陽、枝江的瑪瑙河流域。該石近似雨花石，呈紅、黃、白、綠、紫、黑等色，五彩斑斕，散落於瑪瑙河灘。在當地有諸多稱謂，枝江人稱「瑪瑙」，夷陵區人稱「瑪光」，猇亭區人稱「玉石」，也有稱「五彩石」、「花石頭」等。

宜昌瑪瑙石的儲量較多，在夷陵區的土門、豐寶山，猇亭區的雲池、高家、桃子沖、石板沖、馬宗嶺、虎牙，西陵區的窯灣，伍家區的伍家鄉等地均有發現，分佈面積約400平方公里。宜昌枝江一帶早在1000多年前就有人收藏雨花石，但產地大多被林地覆蓋，雨花石多從山體自然崩塌等裸露處拾取。瑪瑙石多是半透明的瑪瑙，石質堅硬，多為扁圓形。其色彩、種類、石質等方面與南京雨花石大致相似，但宜昌的瑪瑙石內含礦物雜質較多，構成

的圖紋更為豐富；且個體大，直徑在10公分以上的瑪瑙石較為常見，少數可達20公分以上；還有為數不少的綠色瑪瑙石。

喜瑪拉雅山瑪瑙

產於西藏喜瑪拉雅山脈。該石質地堅實細膩，晶瑩剔透；色彩斑斕，飽滿光亮；紋路清晰，多有天然圖案。

產於西藏山南地區的天然水草瑪瑙，色澤鮮豔，美麗典雅，裏面的水草絮狀物為天然礦物質成分。

另有俗稱瑪瑙石的天珠原石，屬於九眼石葉岩，是沉積岩的一種，為薄頁片狀岩石，含有玉質及瑪瑙成分，摩氏硬度為7～8.5，蘊藏於平均海拔4000公尺以上的喜馬拉雅山域。

新疆瑪瑙

產於新疆哈密火山岩荒漠地區的淖毛湖戈壁和沙爾湖戈壁一帶。瑪瑙屬火山岩產物，由隱晶質纖維狀玉髓組成，硬度約為7，主要生成於中基性熔岩的空洞及裂隙中。新疆瑪瑙石屬戈壁坡積型風成石，其體量及石膚的天成性，均適宜作奇石觀賞。

新疆瑪瑙石是在強風蝕、強物理風化等獨特環境中生成的，一般體量不大，石體堅硬瑩潤、色澤絢美、紋理綺麗，色彩主要有紅色、琥珀色和白色等，其中以紅色為最好。其造型依原生空間和後期風蝕的不同，有山景、動物等，形色俱佳、意境深遠者可謂珍品。

新疆瑪瑙資源豐富，主要分佈在天山和東準噶爾等地區，在新疆哈密戈壁巴里坤縣還有大片瑪瑙灘，足有十幾平方公里，質地極佳的瑪瑙隨處可見。但要作為奇石類的瑪瑙石，其對體量的大小和石膚的天成紋理則有一定要求。

寧夏瑪瑙

產於寧夏沙漠中。瑪瑙石是在火山噴發過程中形成的，晶瑩剔透，色澤豔麗，富貴華麗，造型精巧，渾然天成，有形狀如積聚在一起的葡萄或珍珠，極具觀賞價值和收藏價值。

話說天價瑪瑙奇石

中國大陸價值億元的「瘋狂石頭」有6塊，其中有三塊是瑪瑙，即瑪瑙石《雞雛出殼》、《歲月》、《中國版圖葡萄瑪瑙》。價值百萬和千萬的瑪瑙石也屢見不鮮。

目前，對天價奇石現象褒貶不一。有人說這是炒作行為，有人說這是藝

術估價，眾說紛紜，莫衷一是。本人拙見：天價奇石自古有之。秦始皇大興土木興建阿房宮時，就用了不少的奇異怪石、玉石。漢武帝修造上林苑，也把大規模的奇石搬入皇宮之中，奇峰異石成了皇宮奇景，成了皇親國戚獨享之物。當時，玩石、賞石、藏石、販石成了上層社會的時尚，自此經久不衰，一些文人墨客更視其為雅趣，吟頌推崇備至。米芾就曾以「靈璧研山」換住豪宅，並作詩「研山不復見，哦詩徒歎息。惟有玉蟾蜍，向余頻淚滴。」以此抒發自己的悔恨和失落，足見米芾為用「靈璧研山」換豪宅而抱怨終生的心情。這就是當時的「天價奇石」。

奇石作為藝術品為大多數人所認可。做為原生態藝術品（也叫大自然藝術品），它絲毫不遜色於人類文明所創造的藝術成果。精品的奇石還具有其他人為藝術品無法共具的「稀有性」、「奇特性」、「不可再生性」、「獨一無二性」，而且「無法複製」。在藝術品市場，百萬、千萬、上億的成交，比比皆是，又何嘗不是「天價」呢？「天價」一詞，就真的那麼可怕嗎？精品奇石就不應有「天價」嗎？

什麼叫「天價」？不同層次的人有不同程度的認為。從經濟條件上看，工薪階層拿幾千、幾萬購買一塊石頭，他認為那是「天價」；大富翁拿幾十萬、幾 百萬、幾千萬甚至上億元購買一塊奇石，他認為無所謂。從藝術發現這個精神成果上看，因資歷、興趣、愛好等不同對判別結果存在差異，是擺在我們面前的一項深層次的課題。一般遵循這樣一個規律，不奇不異不值錢，越奇越異越值錢，價值與奇異程度呈正比關係。

衡量標準不一樣，所得「天價」也不可同日而語。奇石珍品比之古玩、字畫的精品更少，而且同一門類不可能再生和發展，這就決定了它的珍貴性。就藝術魅力而言，一些造型類奇石精品甚至比雕塑更富有想像力和表現力；一些畫面石精品甚至超出了一些藝術大師的創造能力，以最佳的表現手法概括或再現了人們的藝術構思。這樣的珍品奇石以其鬼斧神工的藝術魅力，讓收藏者充分體驗到一種以金錢、權力換不來的快樂，一種天公獨寵的幸運滿足，一種與欣賞人類頂級文物藝術品相似的審美享受。

「天價奇石」如何走向市場並得到社會的認可呢？一是要加大宣傳力度，引起人們的足夠重視。二是必須遵循經濟規律，受市場價格的制約。三是用藝術的角度來發現與衡量奇石的價值。相信奇石市場價格將會由無序變有序，逐步走向正規化。那時，我們希望有價格更高並且有接盤承諾的天價奇石。

「黃金有價石無價」，時間是檢驗「天價奇石」的最好標準。

附錄一：《觀賞石鑑評標準》
——中華人民共和國國土資源部

中華人民共和國地址礦產行業標準 DZ/T0224－2007

（2007.09.14 發佈　2007.09.20 實施）

1. 範 圍

本標準規定了觀賞石的分類、觀賞石的鑑評要素、觀賞石的鑑評標準、觀賞石的等級分類及觀賞石的鑑評原則等。

本標準適用於各級組織的觀賞石鑑評活動。

2. 術語和定義

下列術語和定義適用於本標準。

觀賞石有廣義、狹義之分。本標準指狹義的觀賞石，即在自然界形成且可以採集的，具有觀賞價值、收藏價值、科學價值和經濟價值的石質藝術品。它蘊涵了自然奧秘和人文積澱，並以天然的美觀性、奇特性和稀有性為其特點。

3. 觀賞石鑑評原則

觀賞石的鑑評原則必須堅持「公平、公正、公開」的基本原則，不得弄虛作假，鑑評專家必須嚴守職業道德，增強責任感，對鑑評工作負責。

4. 觀賞石分類

中國地域遼闊，地質條件複雜，地貌類型多樣，觀賞石資源十分豐富，種類繁多。根據觀賞石產出的地質背景、形態特徵，以及觀賞者的人文意識和審美取向，將觀賞石分為以下五種基本類型：

（1）造型石類

造型石以各種奇特造型為其主要特徵，具有立體形態美，大多是在各種外力地質作用下形成的。由於產出地址背景的不同，造型石往往表現出鮮明的地域特色。

（2）圖紋石類

圖紋石以具有清晰、美麗的各種紋理、層理、斑塊為其主要特徵。常在石面上構成藝術圖案。它的形成主要與岩石本身的特性有關。

（3）礦物類

礦物是由地質作用所形成的天然單質或化合物，具有相對確定的化學組

成和內部結構，是組成岩石的基本單元。礦物類觀賞石主要為礦物晶體，也包括一些非晶質礦物。它以自發長成的幾何多面體外形、豐富的色彩和各異的光澤為其特徵。

（4）化石類

化石是指在地質歷史時期形成並保存於地層中的生物遺體、遺跡、遺物等。按其保存類型有實體、模鑄、印痕等化石。化石以其特有的珍稀性和觀賞性為人們收藏和觀賞。

（5）特種石類

特種石類是指與人文或歷史有關的石體；具有特殊紀念意義的石體，以及地質成因極為特殊的石體，以及前四類含蓋不了的其他具有收藏和觀賞價值的石體。

5. 觀賞石鑑評要素

（1）鑑評要素應能體現觀賞石的完整性、美觀性、生動性、神韻性為總的原則。具體分為基本要素和輔助要素。

（2）基本要素：形態、質地、色澤、紋理、意韻。

（3）輔助要素：命題、配座。

6. 觀賞石鑑評標準

（1）造型石

形態（50分）：造型奇特優美，婀娜多姿，觀賞性好，能以形傳神；

意韻（10分）：文化內涵豐厚，意境深遠，含蓄回味；

質地（10分）：韌性大，石膚好或差異風化強；

色澤（10分）：總體柔順協調，或構型不同部位的顏色對比度好；

紋理（10分）：自然流暢，曲折變化與整體造型相匹配；

命題（5分）：立意新穎，貼切生動，富有文化內涵，具有較強的的科學性和文化內涵。

配座（5分）：材質優良，工藝精美，烘托主題，造型雅致。

（2）圖紋石

圖像（40分）：圖像清晰，畫面完美，有整體感；

紋理（10分）：清晰自然，曲折有序，花紋別致；

意韻（20分）：文化內涵豐厚，意境深遠，神形兼備，情景交融；

質地（10分）：韌性大，石膚好，光潔細膩；

色澤（10分）：色澤豔美，協調性好；

命題（5分）：立意新穎，貼切生動，富有文化內涵；

配座（5分）：材質優良，工藝精美，烘托主題，雅致協調。

〔註〕：個別石種允許切割、打磨、拋光。

（3）礦物晶體

形態（40分）：晶形發育完好，晶體完整，晶簇等集合體優美奇特；

色澤（20分）：色澤瑰麗，色調豐富，光澤感強；

質地（20分）：晶體純淨，透明度高，非晶質礦物密緻溫潤；

稀缺（10分）：稀缺礦物分值高，包裹體、雙晶及連生體儀態萬千；

組合（10分）：共生礦物組合品種多，層次分明，色彩、造型、圍岩相互襯托。

（4）化石

形態（40分）：體態豐滿，保存完整，主次兼備，造型優美，動感性強；

意韻（20分）：生態背景和生存活動跡象鮮明，生物組合多樣；

知底（20分）：石化實體緻密堅硬，異化後的礦物質特殊，印痕等保留有原生物質者佳；

色澤（10分）：存有原生物體顏色，或異化後石質顏色美，化石與圍岩色彩反差強；

命題（10分）：立意新穎，貼切生動，具有較強科學性和藝術性。

（5）特種石

特種石中同一類數量較多時，亦可參照上述標準進行鑑評。

7.觀賞石等級分類

觀賞石的等級分為：

特級：總計評分91－100分。

一級：總計評分81－90分。

二級：總計評分71－80分。

三級：總計評分61－70分。

8.觀賞石鑑評證書規定

（1）統一編號；

（2）防偽標識；

（3）觀賞石協會、主辦單位或組委會印章；

（4）注明時間、名稱、石種、產地、尺寸鑑評等級。

附錄二：天下寶玉石主要種類

寶石

金剛石、螢石、紅寶石、藍寶石、赤鐵礦、水晶、尖晶石、金綠貓眼、黃綠貓眼、黃寶石、綠寶石、祖母綠、碧璽、蛋白石、紫晶金礦石、石英等。

玉石

瑪瑙、碧玉、靈璧玉、和田玉、岫岩玉、南陽玉、翡翠、藍田玉、孔雀石、綠松石、東陵玉、準噶爾玉、夜光玉、矽孔雀石、綠凍石、青金石、金黃玉、冰花玉、英石等。

彩石

壽山石、田黃石、青田石、雞血石、五花石、長白石、端石、洮石、松花石、雨花石、巴林石、賀蘭石、菊花石、紫雲石、磬石、燕子石、歙石、紅絲石、太湖石、昌化石、蛇紋石、上水石、滑石、花崗石、大理石等。

有機寶石

琥珀、珍珠、煤精等。

附錄三：賞石詩詞、名句

賞石詩詞

詠「飛來石」

秦·《粵西詩載》

終身不歸去，化作山頭石。

醉石

宋·程師孟

萬仞峰前一水傍，晨光翠色助清涼。

誰知片石多情甚，曾送淵明入醉鄉。

詠孤石

南北朝·惠標

中原一孤石,地理不知年。

根合彭澤浪,頂入香爐煙。

崖成二鳥翼,峰作一池蓮。

何時發東武,今來鎮蠡川。

賦及臨階危石

隋·岑德潤

當階聳危石,殊狀實難名。

帶山疑似獸,浸波或類鯨。

雲峰臨棟起,蓮影入蓮生。

楚人終不識,徒自蘊連城。

廬山遙寄盧侍御虛舟

唐·李白

閑窺石鏡清我心,謝公行處蒼苔沒。

早服還丹無世情,琴心三疊道初成。

夢遊天姥吟留別(節句)

唐·李白

千岩萬轉路不定,迷花倚石忽已暝

望夫石

唐·李白

彷彿古儀容,含愁帶曙輝。

露如今日淚,苔似昔年衣。

有恨同湘女,無言類楚妃。

寂然芳靄內,猶若待夫歸。

石鏡

唐·杜甫

蜀王將此鏡,送死至空山。冥寞憐香骨,提攜近玉顏。

眾妃無復歎,千騎亦虛還。獨有傷心石,埋輪月宇間。

太湖石

唐・白居易

煙翠三秋色，波濤萬古痕。削成青玉片，截斷碧雲根。

風氣通岩穴，苔紋護洞門。三峰具體小，應是華山孫。

雙石

唐・白居易

回頭問雙石，能伴老夫否？

石雖不能言，許我為三友。

雪浪石

宋・蘇軾

太行西來萬馬屯，勢與岱岳爭雄尊。

飛狐上黨天下脊，半掩落日先黃昏。

削成山東二百郡，氣壓代北三家村。

千峰石捲蠆牙帳，崩崖鑿斷開土門。

揭來城下作飛石，一炮驚落天矯魂。

承平百年烽燧冷，此物僵臥枯榆根。

畫師爭摹雪浪勢，天工不見雷斧痕。

離堆四面繞江水，坐無蜀士誰與論？

老翁兒戲作飛雨，把酒坐看珠跳盆。

此身自幻孰非夢，故國山水聊心存。

題蒼雪堂研山

宋・米芾

五色水，浮崑崙，潭在頂，出黑雲。

掛龍怪，爍電痕，極變化，闔道門。

昆山石

宋・陸游

雁山菖蒲昆山石，陳叟持來慰幽寂。

寸根蹙密九節瘦，一拳突兀千金值。

為蘇致哀詞

宋・張芸來

石與人俱貶，人亡石尚存。

題幽石

宋・太史章

痕疑神所鑿，不與眾岩俱。鎮地形何直，參天勢自孤。
鶴棲喬木穩，猿攬古藤粗。欲得丹青手，和雲畫作圖。

題柯敬仲博士畫石

元・錢惟善

石逾玉潤不生苔，鐵笛吹殘自裂開。
絕似雨晴炎海上，一雙翡翠新飛來。

題喬柯秀石

明・張鳳翼

怪石嶙峋虎豹蹲，虯柯蒼翠蔭空林。
亦知匠石不相顧，閱盡歲華多蘚痕。

詠石

清・曹雪芹

愛此一拳石，玲瓏出自然。
溯源應太古，隨世又何年。
有志歸完璞，無才去補天。
不求邀眾賞，瀟灑做頑仙。

石隱園

清・蒲松齡

年年設榻聽新蟬，風景今年勝去年。
雨過松香生客夢，萍開水碧見雲天。
老藤繞屋龍蛇出，怪石當門虎豹眠。
我以蛙鳴間魚躍，儼然鼓吹小山邊。

題大理石

清・高其倬

水清石瘦便能奇，恰是東坡居士詩。

況復雨餘雲破處，更當江山月圓時。

與石居

近現代・沈鈞儒

吾生尤愛石，謂是取其堅。

掇石滿吾居，安然伴石眠。

賞石名句

園無石不秀，室無石不雅，山無石不奇，水無石不清。

雅石可心悟，雅石可勸世。
雅石可格物，雅石可啓智。

石奇含天地，趣雅意雋永。

賞石清心，賞石怡人，賞石益智，賞石陶情，賞石長壽。

花若解語還多事，石不能言最可人。

怪石以醜為美，醜至極處，便是美致極處。

太似媚俗不可取，不像欺世休張狂。
相逢有緣不可求，水到渠成奇石雙。

奇石可遇不可求，豈能易金暫時歡。

附錄四：地質年代及生物演化簡表

宙〔宇〕	代〔界〕	紀〔系〕	世〔統〕	同位素年齡〔單位：億〕		生物演化
				開始時間	終止時間	
顯生宙	新生代 Kz	第四紀 Q	全新世 Q_4 晚更新世 Q_3 中更新世 Q_2 早更新世 Q_1	164萬年	至今	人類出現
		第三紀 R	晚第三紀 上新世 N_2 中新世 N_1	2330萬年	164萬年	近代哺乳動物出現
			早第三紀 漸新世 E_3 始新世 E_2 古新世 E_1	6500萬年	2330萬年	
	中生代 Mz	白堊紀 K	晚白堊 K_2 早白堊 K_1	1.35億年	6500萬年	被子植物出現
		朱羅紀 K	晚侏羅世 J_3 中侏羅世 J_2 早侏羅世 J_1	2.08	1.35	鳥類、哺乳動物出現
		三疊紀 T	晚三疊紀 T_3 中三疊紀 T_2 早三疊紀 T_1	2.50	2.08	
	古生代 Pz	二疊紀 P	晚二疊紀 P_2 早二疊紀 P_1	2.90	2.50	裸子植物、爬行動物出現
		石炭紀 C	晚石炭世 C_3 中石炭世 C_2 早石炭世 C_1	3.62	2.90	
		泥盆紀 D	晚泥盆世 D_3 中泥盆世 D_2 早泥盆世 D_1	4.09	3.62	節蕨植物、魚類出現
		志留紀 S	晚志留世 S_3 中志留世 S_2 早志留世 S_1	4.39	4.09	裸蕨植物出現
		奧陶紀 O	晚奧陶世 O_3 中奧陶世 Q_2 早奧陶世 Q_1	5.10	4.39	無頜類出現
		寒武紀 ∈	晚寒武世 $∈_3$ 中寒武世 $∈_2$ 早寒武世 $∈_1$	5.70	5.10	硬殼動物出現
元古宙	新元古代 Pt	震旦紀 Z	晚震旦世 Z_3 中震旦世 Z_2 早震旦世 Z_1	8.0	5.70	裸露動物出現
				10.00	8.00	
	中元古代 Ar			18.00	10.00	眞核細胞生物出現
	古元古代			25.00	18.00	
太古宙				38.50	25.00	晚期有生命出現、疊層石出現
冥古宙					38.50	

後 記

在《嫩江水沖瑪瑙鑑賞與收藏》一書落筆之際，向對我們揀石、品石、探索、研究、宣傳、報導工作曾給予大力支持的各界朋友，謹表衷心感謝。

1. 擺渡我們到江灘揀石的尚未留下姓名的嫩江江畔諸位漁翁。

2. 為我們揀石創造條件的嫩江江畔各砂場領導和劉鳳林、牛賀英等工友。

3. 肝膽相照，為開創嫩江水沖瑪瑙輝煌做出無私奉獻的曲玉全、王冬昕、王明海、高慶奎等廣大石友。

4. 宣傳報導嫩江水沖瑪瑙的《石友》、《中華奇石》、《寶藏》雜誌和《中國商報——收藏拍賣導報》、《大眾收藏報》、《鶴城晚報》及齊齊哈爾電視臺《感悟奇石》專訪組等媒體的編導和記者。

5. 將嫩江水沖瑪瑙納入 2009 年《最具價值的瑪瑙石》、《最具價值的文字石》、《最具價值的食品石》的「中國奇石交易網 www.s1288.com」網站。

6. 積極參與並報導《北國石界第一次盛會》，取得良好社會影響的王亞力先生。

7. 透過半年多時間調查核實，將嫩江水沖瑪瑙首次納入《黑龍江省觀賞石指南》的黑龍江省觀賞資源調查與編圖工作組組長王榮才先生和工作組全體成員。

8. 為弘揚嫩江水沖瑪瑙石文化，書寫條幅並為本書作序的著名書法家、姓名書法創建人提中太先生；書寫條幅的銀川市《石墨軒》創辦人李啟金老師（兼寧夏書畫研究院副院長）；八十高齡的中國老年書畫研究會會員、內蒙古綠寶石書畫院院士傅文治老師。

9. 為我們提供嫩江史料的齊齊哈爾市河道管理處處長。

我們將印刷《嫩江水沖瑪瑙鑑賞與收藏》一書的珍藏版，敬贈曾給予我們大力支持的各界朋友留作紀念！

馮善良　楊亞娟

大展好書　好書大展
品嘗好書　冠群可期

大展好書　好書大展

品嘗好書　冠群可期